氣象解碼

以日常天氣變化
揭開大自然奧祕

金子大輔
氣象預報員

楓葉社

前言

感謝您在眾多書籍中選擇了這本書。文化素養涵蓋的領域很多元，本書將著重在「氣象」領域。

了解氣象學知識的好處很多，不論談話對方是男女老少都能開啟話題。氣象是大家或多或少都會關心的領域，非常適合當作初次見面的話題。

了解更多氣象知識就能不斷延伸話題，不再只說「天氣真好」、「好熱啊」就馬上結束對話，而是讓我們的每天都能過得更開心。近年來經常聽到的群聚、疫情爆發原本都是氣象領域的用語。

正因為日本四季變化分明，每天的天氣瞬息萬變，所以對天氣感興趣的人很多。有些人可能會認為天氣每天都有變化是理所當然的事，但其實世上有許多國家或地區的天氣並非如此。比方說，沙漠氣候地區的天氣幾乎一整年都是晴天，熱帶雨林氣候地區的每一天都是天氣晴朗，偶有雷雨。

除此之外，每當氣象或是氣象預報士題材的電視劇或動畫流行時，相關話題也會跟著掀起熱潮。

氣象話題不只有正面的內容，也經常伴隨著災害的消息。古時候的人認為「天氣」是人的智慧無法理解的神祕之物，是只有神才知道的事物，因此崇敬天氣。或許這就是日本經常以氣象用語來表示未知病毒的原因，雖然這種說法可能有點過度解讀了。

不論如何，深入了解氣象知識可以避免災害，並降低受到影響的風險。現在的你是不是變得更想知道氣象知識了呢？

接下來，就讓我們打開既迷人又有點恐怖的氣象世界大門吧！

CONTENTS

第2章 雲是氣象資訊的寶庫 41

第Ⅱ部 最好先知道的氣候異常與預報所在地

第5章 關於氣象預報 133

第Ⅲ部 未來的氣象與天氣

第6章 氣象與商務 158

第7章 未來流行什麼？氣象用語先修班 177

第 I 部

讓人想聊下去的

氣象與天氣知識

日本的四季變化分明，
天空會在一整年
展現出豐富的面貌。
雲、雨、雪，
鋒面、氣團，
這裡將逐漸深入講解
大家熟悉的
氣象用語和氣象現象。

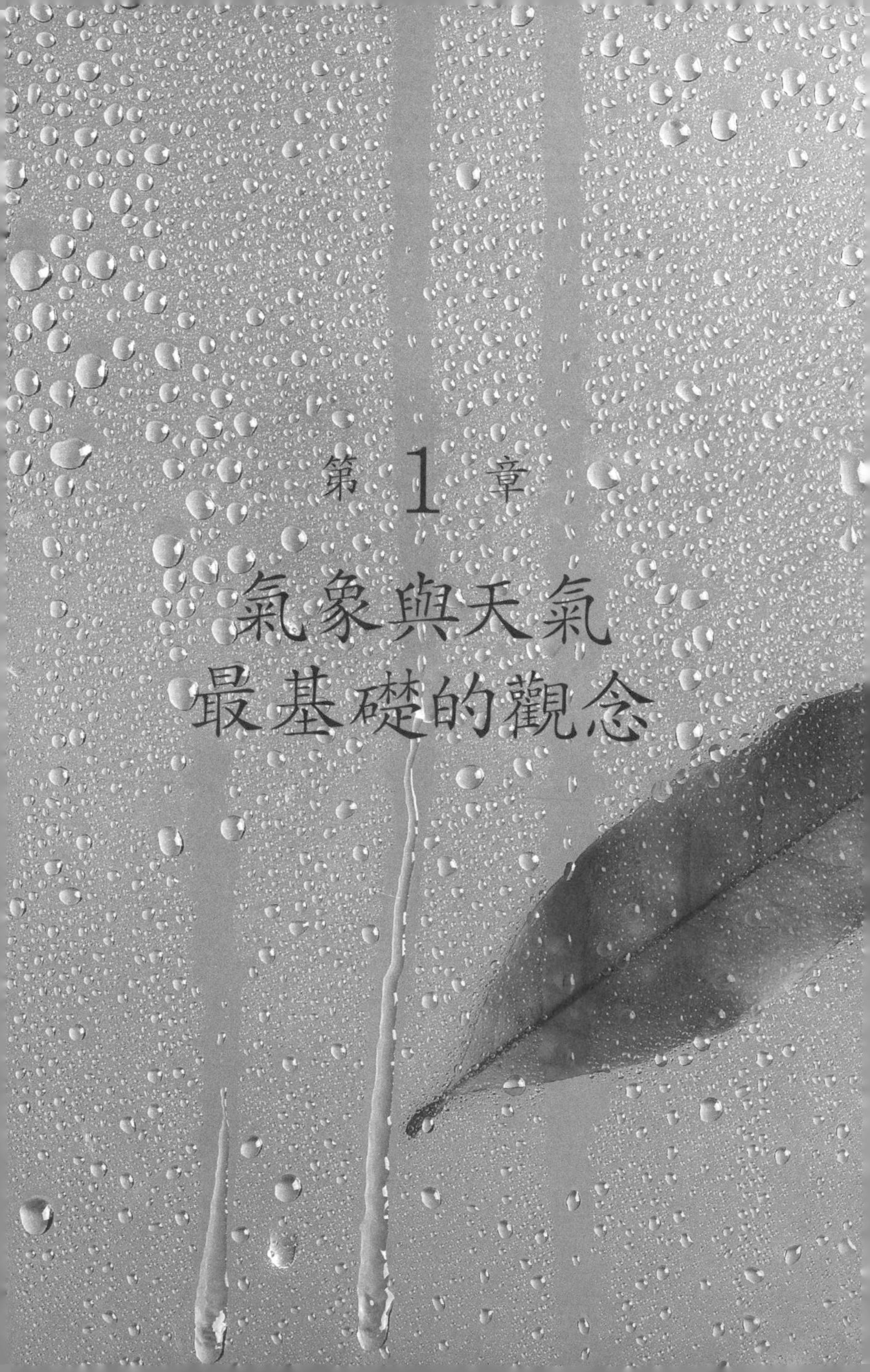

第1章
氣象與天氣最基礎的觀念

01 什麼是氣象、地象與水象？

氣象（meteorological phenomena）就如字面上的意思，表示大氣中的現象。空氣在大氣中流動且風會吹拂，空氣會因為受熱而導致氣溫升高。地球上的空氣含有水蒸氣，水蒸氣變成水或冰，形成雲、降雨、打雷或彩虹。

地球以外的星球也是如此，有大氣層（空氣）就會有氣象現象。舉例來

水的三態變化

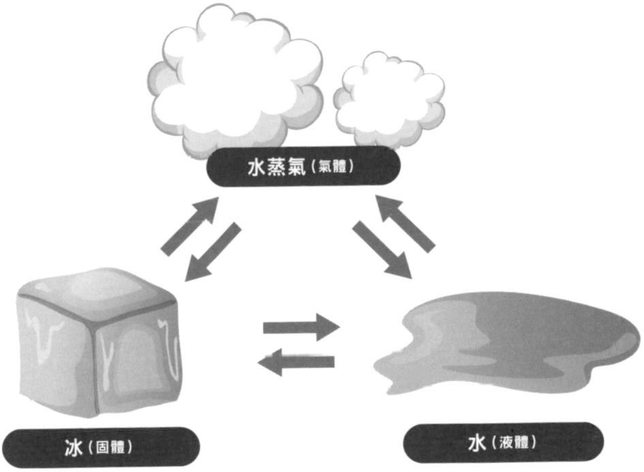

說，土星的衛星泰坦具備大氣層，因此被認為可能存在外星生物。泰坦的大氣成分包含97％的氮氣及2％的甲烷；表面溫度極低，約零下180度（攝氏），其大氣成分在地球常溫下是氣體狀態，但在泰坦則是處於液體狀態。液體狀態的甲烷就像地球上的水一樣，所以泰坦會降下甲烷雨或形成甲烷湖。

除此之外，在地球旁邊的金星其大氣中也含有二氧化碳和氮氣。金星表面有著硫酸所形成的厚雲較為陰暗，加上高濃度二氧化碳所產生的劇烈溫室效應，使表面溫度將近500度，是宛如地獄般的世界。

有些人認為「金星是地球的未來」。一旦全球暖化持續惡化，大氣污染不段加劇將導致地球降下濃烈的酸雨……。我們無論如何都要避免未來發生這種情況。

另外，相對於氣象的概念，地震或火山活動等地面現象是屬於「地象」，而地下水、海水的變化或是海浪的上下運動（海浪）等則為「水象」。日本的地象和水象都由氣象局負責監測。

02 什麼是天氣和天候？日本有21種天氣類型，國際有100種

某個地點、某個時刻的大氣狀態稱為「天氣」。

你覺得大概有幾種天氣呢？

日本有21種。除了晴天、陰天、雨天等較為人所熟悉的天氣外，還有塵霾、沙塵暴這種一生中未必有機會遇見的罕見天氣。

還有一種類型是「不明天氣」。經常在無人島、海洋正中央等無人的地方出現。

根據世界氣象組織（WMO）制定的國際分類，天氣類型多達100種。

國際版的天氣元素其分類太過繁瑣，因此，日本便簡化出一般大眾也能

日本的天氣符號

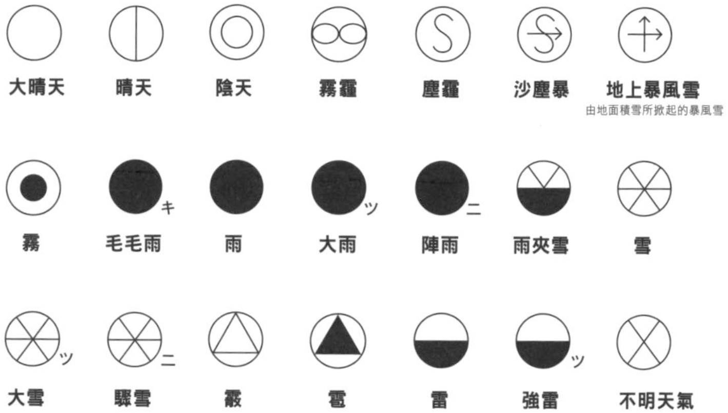

理解的分類，定出日本版的天氣類型。

話說，我們用得習以為常的「晴天」是什麼樣的天氣呢？

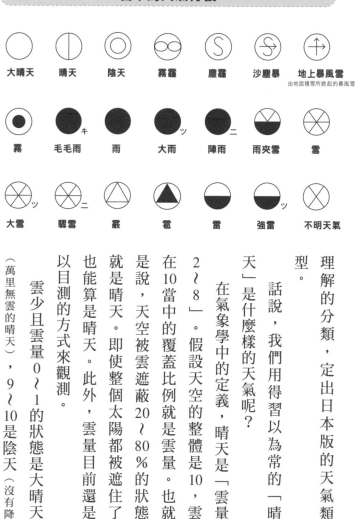

在氣象學中的定義，晴天是「雲量2～8」。假設天空的整體是10，雲在10當中的覆蓋比例就是雲量。也就是說，天空被雲遮蔽20～80％的狀態就是晴天。即使整個太陽都被遮住了也能算是晴天。此外，雲量目前還是以目測的方式來觀測。

雲少且雲量0～1的狀態是大晴天（萬里無雲的晴天），9～10是陰天（沒有降

國際天氣符號

00 過去一小時，雲層變化不明。	01 過去一小時，雲層正在消散或發展減緩。	02 過去一小時，天空整體無變化。	03 過去一小時，霧生成中或發展中。	04 霧霾降低能見度。
05 霧霾。	06 空氣中塵埃四處飄散（非風吹引起的）。	07 風吹起的塵埃。	08 過去一小時觀測站附近發展出塵捲風。	09 視線內或過去一小時的沙塵暴。
10 薄霧。	11 地面霧氣或低冰霧飄散（低於眼睛高度）。	12 地面霧氣或低冰霧持續出現（低於眼睛高度）。	13 看得見閃電卻聽不見雷聲。	14 視線內降雨，但未達地面或海面。
15 視線內降雨，距離觀測站5km以上。	16 視線內降雨，觀測站無雨，未達5km。	17 打雷，觀測時無降雨。	18 過去一小時觀測站或視線內的暴風。	19 過去一小時觀測站或視線內的龍捲風。
20 毛毛雨或細雪。非驟雨。	21 降雨。非驟雨。	22 降雪。非驟雪。	23 雨夾雪或凍雨。非驟雨。	24 結冰的雨或毛毛雨。非驟雨。
25 出現驟雨。	26 驟雪或驟雨型的雨夾雪。	27 冰雹、冰霰、雷霰。可能伴隨降雨。	28 出現霧或冰霧。	29 出現閃電。可能伴隨降雨。
30 輕度或中度沙塵，過去一小時減弱。	31 輕度或中度沙塵，過去一小時無變化。	32 輕度或中度沙塵，過去一小時發展中或變濃。	33 嚴重沙塵暴，過去一小時減弱。	34 嚴重沙塵暴，過去一小時無變化。
35 強烈沙塵暴，過去一小時發展中或變濃。	36 輕度或中度地上暴風雪，低於視線高度。	37 嚴重地上暴風雪，低於視線高度。	38 輕度或中度地上暴風雪，高於視線高度。	39 嚴重地上暴風雪，高於視線高度。
40 遠處有霧或冰霧，過去一小時觀測站無霧。	41 霧或冰霧飄散。	42 霧或冰霧。天空可見，過去一小時變稀薄。	43 霧或冰霧。天空不可見，過去一小時變稀薄。	44 霧或冰霧。天空可見，過去一小時無變化。
45 霧或冰霧。天空不可見，過去一小時無變化。	46 霧或冰霧。天空可見，過去一小時開始或變濃。	47 霧或冰霧。天空不可見，過去一小時開始或變濃。	48 霧或冰霧生成中，天空可見。	49 霧或冰霧生成中，天空不可見。

國際天氣符號

50 輕度毛毛雨，過去一小時暫停。	51 輕度毛毛雨，過去一小時不停。	52 中度毛毛雨，過去一小時暫停。	53 中度毛毛雨，過去一小時不停。	54 嚴重毛毛雨，過去一小時暫停。
55 嚴重毛毛雨，過去一小時不停。	56 輕度結冰的毛毛雨。	57 中度或嚴重結冰的毛毛雨。	58 毛毛雨和一般降雨，輕度。	59 毛毛雨和一般降雨，中度或嚴重。
60 輕度降雨，過去一小時暫停。	61 輕度降雨，過去一小時不停。	62 中度降雨，過去一小時暫停。	63 中度降雨，過去一小時不停。	64 嚴重降雨，過去一小時暫停。
65 嚴重降雨，過去一小時不停。	66 輕度結冰雨。	67 中度或嚴重的結冰雨。	68 雨夾雪、毛毛雨和雪，輕度。	69 雨夾雪、毛毛雨和雪，中度或嚴重。
70 輕度降雪，過去一小時暫停。	71 輕度降雪，過去一小時不停。	72 中度降雪，過去一小時暫停。	73 中度降雪，過去一小時不停。	74 嚴重降雪，過去一小時暫停。
75 嚴重降雪，過去一小時不停。	76 細冰，可能有霧。	77 細雪，可能有霧。	78 單獨結冰的雪。	79 凍雨。
80 輕度驟雨。	81 中度或嚴重驟雨。	82 強烈驟雨。	83 輕度驟雨型的雨夾雪。	84 中度或嚴重驟雨型的雨夾雪。
85 輕度驟雪。	86 中度或嚴重驟雪。	87 雪霰或冰霰，輕度。可能伴隨降雨或雨夾雪。	88 雪霰或冰霰，中度或嚴重。可能伴隨降雨或雨夾雪。	89 輕度冰雹，可能伴隨降雨或雨夾雪。無雷聲。
90 中度或嚴重冰雹，可能伴隨降雨或雨夾雪。無雷聲。	91 過去一小時打雷。觀測時降下細雨。	92 過去一小時打雷。觀測時降下中雨或大雨。	93 過去一小時打雷。觀測時輕度降雪、雨夾雪、雪霰、冰霰或冰雹。	94 過去一小時打雷。觀測時嚴重降雪、雨夾雪、雪霰、冰霰或冰雹。
95 輕度或中度打雷，觀測時伴隨降雨、降雪或雨夾雪。	96 輕度或中度打雷，觀測時伴隨冰雹、冰霰或雪霰。	97 嚴重打雷，觀測時伴隨降雨、降雪或雨夾雪。	98 打雷，觀測時伴隨沙塵暴。	99 嚴重打雷，伴隨冰雹、冰霰或雪霰。

雨或打雷的情況下）。

「天候」一詞與天氣相似，相對於「某個時刻的瞬間」狀態，天候則用於時間跨度更長的「某段期間」的大氣變化狀態。

03 什麼是氣候？日本的氣候、全球的氣候

氣候（climate）又是什麼呢？氣候所描述的時間跨度比天氣、天候更長，是指某個地區的大氣狀態特徵。

舉例來說，青森的氣候是夏季涼爽且冬季多雪，新加坡的氣候是全年高溫潮溼，降雨量多。

日本的地形南北狹長，從北方的亞寒帶到南方的亞熱帶呈現出多樣的氣

日本的氣候與植物分布（Biome，生物群系）

候類型。東京、大阪等的多數地區屬於溫暖潮溼氣候。其中包含冬季降雨量或降雪量少的太平洋側氣候、冬季降雨量或降雪量極高的日本海側氣候、有降水量較少且涼爽的內陸性氣候，以及溫暖且雨量少的瀨戶內氣候。

除此之外，西南群島屬於亞熱帶氣候，原則上不降雪，2018年的大寒冬是例外，當時的確發生了降雪情況。

生長於該地區的植物（植被）

日本的氣候與植物分布（垂直）

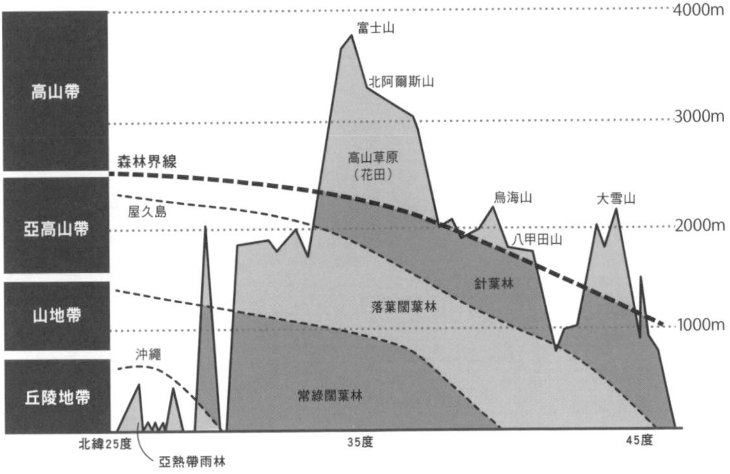

最能反映其氣候狀況，且氣候也會在垂直方向上出現變化。

觀察全球的植物分布，在降雨量多的地方，從低緯度開始依序為熱帶雨林↓亞熱帶雨林↓常綠闊葉林↓落葉闊葉林↓針葉林↓苔原。熱帶地區由全年多雨走向乾燥氣候，依序為熱帶雨林↓季風雨林↓疏林莽原↓沙漠，溫帶地區則是常綠闊葉林↓草原↓沙漠。

不僅如此，有些地區還能見到紅樹林或硬葉林等獨特的植物。

先前所提及的東京和大阪是屬於

世界的氣候與植物分布（生物群系）

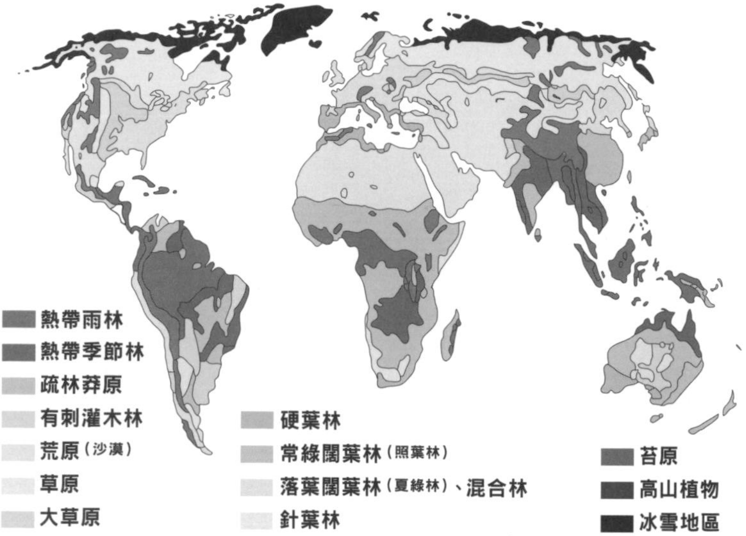

溫暖潮溼氣候，但因全球暖化日益惡化，導致氣候更接近熱帶雨林（亞熱帶雨林）。

04 空氣有重量（氣壓）

現代人聽到「空氣有重量」這樣的說法可能會認為這是理所當然的事。但義大利物理學家托里切利在約400年前提出這項理論時，社會普遍不相信。

氣壓與高度

看不見的東西竟然有重量，聽起來確實令人難以置信。

順帶一提，水中也具有「水壓」。潛水時勉強潛入深處會造成頭痛或流鼻血，繼續深潛的話，身體就會被壓扁……。因為水的重量會整個壓在身上。

托里切利曾說：「我們生活在大氣之海的底部。」在大氣中生活就像在水中生活一樣。液體和氣體當然不一樣，但從物理學的角度來看，兩者都算是流體，能以同樣的方式來理解壓力等特性。

相對於「水壓」，空氣的壓力則稱作「氣壓」。我們經常可以在天氣預報中聽到氣壓的單位——百帕（hPa）。地球表面的平均氣壓是1013hPa。

在水中，逐漸向上浮時水壓會變小，在空氣中也是一樣的道理，因為壓在上方的空氣量減少了，所以愈往上飄氣壓就愈低。

將在平地上買的零食帶到高山後，袋子會大幅膨脹。因為高山上的氣壓比平地低，袋子周圍的擠壓力量變小了，所以袋子就膨脹起來了。

雖然人體可以承受一點氣壓的變化，但耳朵裡的鼓膜是身體中對氣壓最敏感的地方。搭乘快速的電梯或飛機時，一旦高度上升，耳朵就會出現耳鳴。

低氣壓與高氣壓

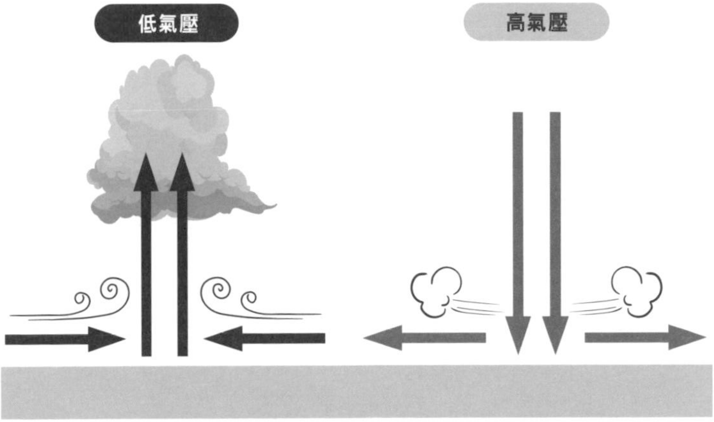

05 低氣壓與高氣壓

低氣壓表示氣壓比周圍低（空氣稀薄），就像「窪地」一樣。風從周圍聚集碰撞，空氣無法潛入地面而產生上升氣流，形成雲。

聚集起來的風會因為地球自轉而形成逆時針漩渦。

相反地，高氣壓表示氣壓比周圍高（空氣濃厚），就像「山丘」一樣。風往四周流動，產生由上空往地面

低氣壓與高氣壓

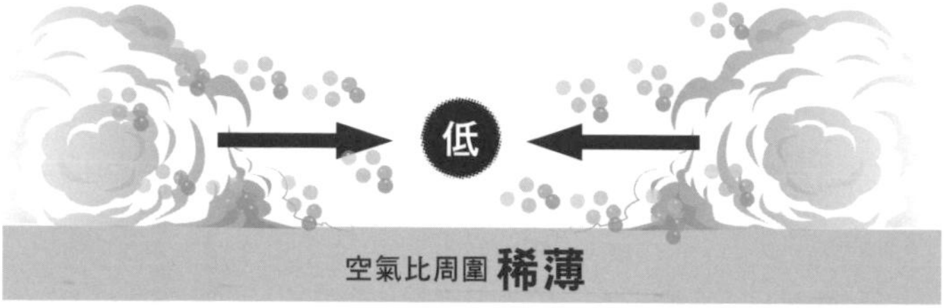

吹的風（下降氣流），雲因此消失，天氣轉好。風因地球自轉而呈現順時針方向。

沒有任何規定指出「多少hPa以下是低氣壓」，重點在於「氣壓比周圍低還是高」。假設周圍的氣壓是1050hPa，那1030hPa的地方就是低氣壓；周圍是1008hPa，則1010hPa是高氣壓。

在我的印象中，日本關東地區的降雨低氣壓平均是1008hPa。颱風時會出現980hPa或970hPa，薇拉（日本命名為伊勢灣颱風）等級的颱風是930hPa；

氣壓與颱風

1008hPa	平均氣壓
980hPa	東京每2、3年一次的暴風雨
970hPa	可能會創新紀錄的暴風雨
960hPa	在歷史留名的颱風，如姬蒂(Typhoon Kitty)、艾達等
950hPa	東日本和北日本極罕見，最高警戒
930hPa	東京迪士尼海洋的遊樂設施──風暴騎士所設定的暴風
920hPa	美國史上最嚴重的颶風「卡崔娜」等級
890hPa	2013年侵襲菲律賓的超級颱風
870hPa	史上最強颱風

強烈颱風海燕（平成25年台風第30號）2013年侵襲菲律賓，造成超過6300名犧牲者，氣壓達到895 hPa（非官方觀測值達860 hPa）。

06 什麼是鋒面？

冷空氣和熱空氣相遇會發生什麼事呢？在小型容器中進行實驗，兩者會立刻交融，但數百公里、數千公里的大型冷氣團和暖氣團在相遇時並不會馬上融

鋒、鋒面

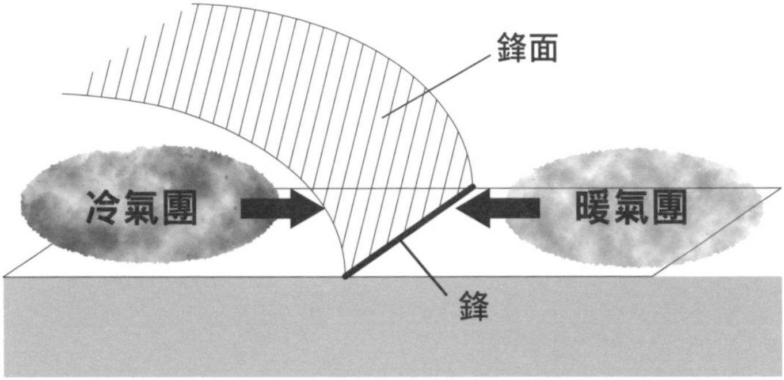

合，而是在數日至數週之間維持界線。這個界線就是「鋒面」，鋒面和地面的交接處稱為「鋒」。鋒面有各種不同的類型，可分為：暖鋒、冷鋒、滯留鋒、囚錮鋒等四種。不論是哪種鋒面，附近地區大多天氣不佳。

當四種鋒面的暖氣團和冷氣團相遇時，可根據主動的一方加以區別：暖氣團主動朝冷氣團移動時稱為「暖鋒」；相反地，冷氣團主動朝暖氣團移動則是「冷鋒」。

雙方同時主動前進或以相近的力量被動交會時，稱作「滯留鋒」。我們可以想像擠饅頭或拔河遊戲的場面，當人以相同的力道相互推擠時，大家幾乎不會移動，而是呈現「停滯」的狀態。

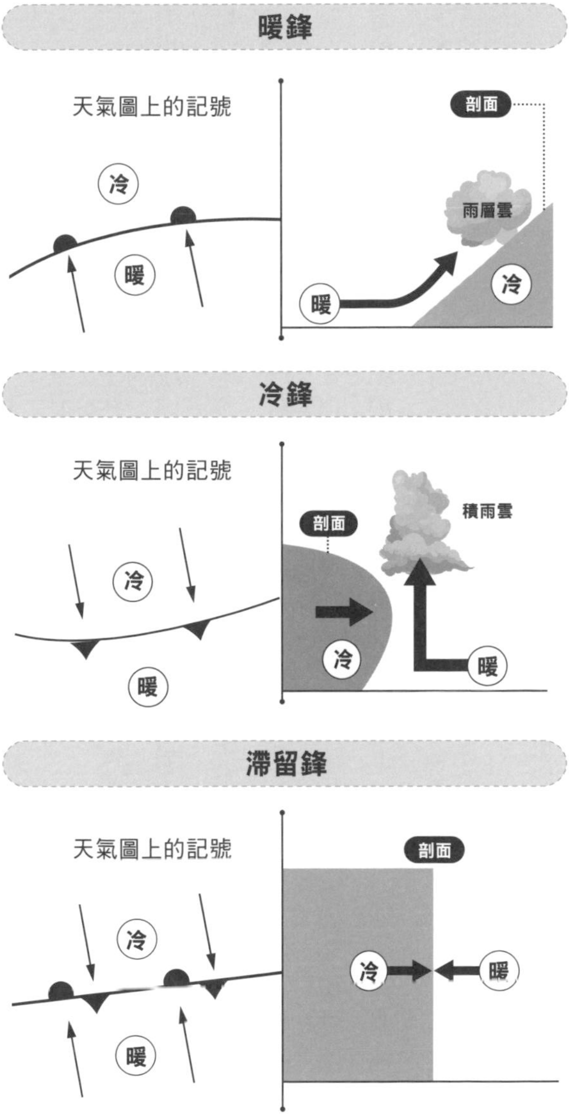

暖鋒的暖氣團在冷氣團上方緩緩爬升，產生「雨層雲」。會長時間出現大範圍的降雨或降雪，但力道不強。

冷鋒的冷氣團則會潛入暖氣團下方，強行壓迫暖氣團（把暖氣團掀起來？），引起強烈的上升氣流，形成積雨雲。容易引發強烈降雨或降雪，尤其會伴隨打雷、冰雹、陣風或龍捲風。不過降雨或降雪的時間短暫，影響範圍較小。

北半球的低氣壓是逆時針的漩渦。在低氣壓的右側，暖氣團由南方進入並形成「暖鋒」；左方有來自北方的冷氣團，形成「冷鋒」。冷鋒的速度比暖鋒快，就像時鐘的長針和短針一樣，冷鋒最後會追上暖鋒。追上暖鋒的地方稱為「囚錮鋒」。

雖然只有四種分類，但鋒面具有豐富的特性。當來自赤道的極溼空氣（赤道氣團）發揮暖氣團的作用時，暖鋒也會發生強烈降雨。教科書中的典型冷鋒反而很罕見，但有很多種相似的類型。東京等地區的北部到西部有高山緊密

囚錮鋒

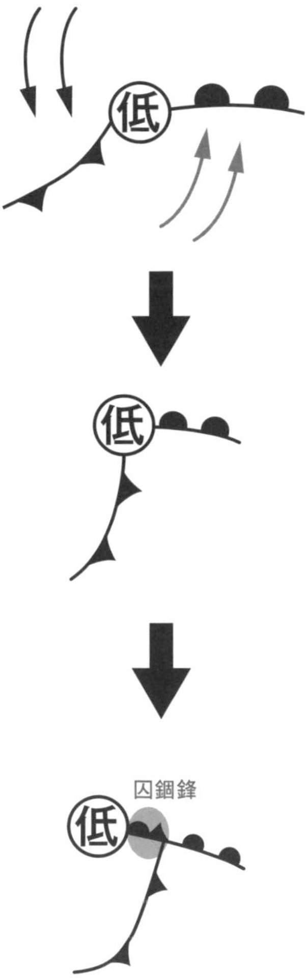

環繞，因此冷鋒造成的天氣影響通常比其他地區小。囚錮鋒通過關東地區後，經常會引起強烈的雷雨。

「梅雨鋒面」是一種滯留鋒，但結構有點不一樣。東日本的暖氣團會與冷氣團碰撞，而西日本則是潮溼暖氣團，與來自大陸的乾燥暖氣團相遇（水蒸氣鋒面）。

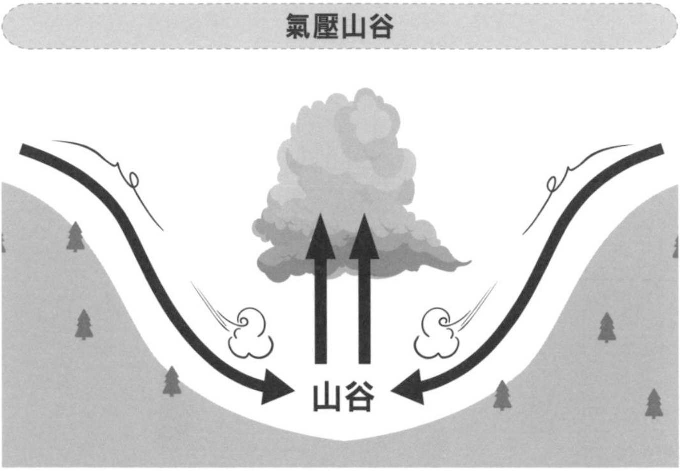

07 氣壓山谷、氣壓山脊

「山谷」是指什麼呢？在地形上是指高山之間海拔高度較低的地方。「氣壓山谷」也是同樣的概念，用來表示高氣壓之間相對的氣壓低點。

氣壓山谷跟低氣壓一樣，會跟周圍吹進來的風產生碰撞，經常出現雲且天氣不佳。

有深度數公尺的山谷，也有像黑部峽谷那種通往地獄深處般的山谷。氣壓山谷一樣有深有淺，不同的深度當然會對天氣產生不同的影響，有些只是增加少量的雲，有些則會形成暴風雨。

相反地，氣壓山脊則是指氣壓高於四周的地方。氣壓山脊周圍的雲會被風吹散，所以天氣會變好。

08 為什麼風會吹拂？

大家應該都想盡可能地遠離擁擠的地方吧？空氣也一樣。用隔板將一個容器隔開，左右加入1％的砂糖水和30％的砂糖水，取下隔板後，30％砂糖水的砂糖分子會逐漸往1％砂糖水的那端移動。

在介紹低氣壓時曾提過，空氣會從濃度高（氣壓高）的地方往濃度低（氣壓

從濃度高的地方往濃度低的地方移動

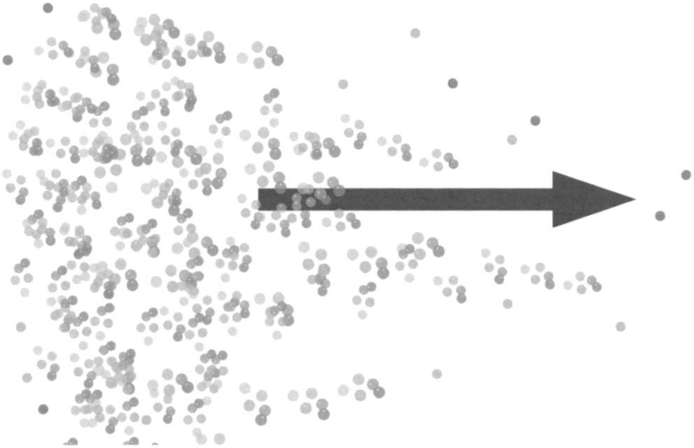

地）的地方移動，這就是所謂的「風」。

即使不是具規模的低氣壓或高氣壓，在局部高氣壓或低氣壓的地方空氣都會隨時移動。也就是說，當氣壓出現落差時就會產生風。

有去過東京巨蛋嗎？當東京巨蛋場館的內外氣壓出現落差時，出入口附近就會颳起狂風。

「風速」是風的強度，一般是指地面高度約10公尺處的10分鐘平均風速。不過，風並不會在10分鐘內颳起固定強度的風；因此，會以3秒內的平均風速來表示瞬間風速。

說明颱風強度時，會以中央附近的最大風速和最大瞬間風速來表示。最大風速就是所有10分鐘平均風速中最大的那個值，最大瞬間風速則是3秒平均風速中最大的那個。

09 什麼是氣溫？

氣溫是指大氣的溫度。一天之中氣溫最高的溫度是日最高溫，最低的則是日最低溫。日本觀測史上的最高溫是41.1度（濱松、熊谷），最低溫是負41.0度（旭川）。

氣溫通常是指離地面約1.5公尺（約是成人的視線高度）陰涼處的測量值。

因此，氣溫達到38度時，日照處的地表溫度通常會比氣溫高出許多。因

分子運動的差異

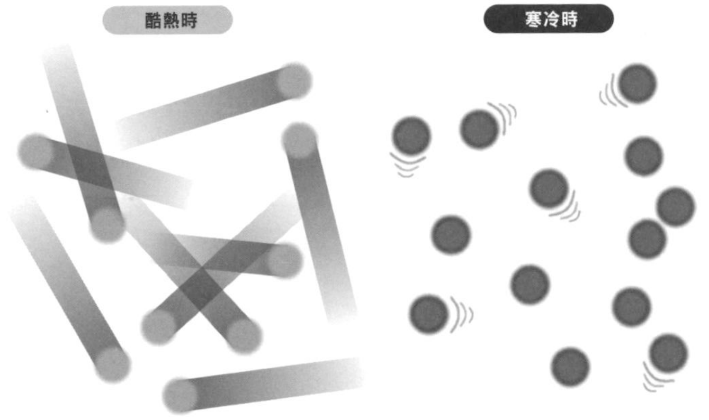

此，幼童和寵物比成人更需要注意中暑。

日本的氣溫單位是攝氏（℃）。水會在0度解凍，沸騰時是100度，中間分成100等分就是刻度的大小。

那麼，溫度到底是什麼？請將溫度想成分子震動與移動程度（熱能的量）的數值。天冷時，空氣分子的活動不活躍，但天熱時會積極活動。

有沒有發現什麼呢？如果天氣變得更冷，活動量不就會變成零……？

沒錯，這指的就是絕對零度（負273．15度）。雖然人類尚未實現絕對零度的狀態，但理論上來說，這是分子運動能量為零的溫度。

那溫度的上限是多少？目前似乎尚未得出明確的答案。理論上一億度、一兆度都是有可能的，但一般認為宇宙史上最高溫是大爆炸時的10的32次方度。

今日聊天話題

天氣題外話①

我們的身體與氣象

氣象和我們的身體有著密不可分的關係。身體和心理狀態會因為氣壓、溫度、溼度、降雨、風吹、打雷等氣象現象而受到不好的影響，這種情況稱為「氣象病」。比如「低氣壓身體不適」的人會在天氣不好時出現感冒症狀，或是引起舊傷疼痛，每三個日本人就有一人有類似經驗。

低氣壓身體不適的原因眾說紛紜，其中一項是血管因氣壓下降而膨脹，導致身體變成容易發炎的狀態。血管膨脹會壓迫神經，造成頭痛或自律神經失調。

當天氣圖上出現低氣壓時，會比較容易得知低氣壓接近的時間，但突發性的夏季突襲豪雨（guerrilla，突擊隊的意思）就比較難以預測，也會引起低氣壓身體不適。因為積雨雲直徑長達數十公里，強烈的上升氣流會產生瞬間的低氣壓，所以天氣圖上未必能夠呈現出來。

日本的「頭痛ーる」APP會在氣壓出現劇烈變化時跳出警示。有了這款APP後就能提前吃藥，採取應變措施了。

此外，最近也有人指出紫外線會對身體造成影響。你可以把紫外線想像成「一種光」，但是肉眼看不到。紫外線雖然看不見，但卻具有強大的能量。

紫外線會傷害生物的DNA，引起黑斑或雀斑，嚴重的話還會導致白內障或皮膚癌。現在有很多抗UV的產品，記得別讓露出皮膚的地方接觸到紫外線喔。

第 2 章

雲是 氣象資訊的寶庫

10 雲的真面目

雲到底是什麼呢？從雲會降雨或降雪這點來看，應該就能猜出來雲可能是水。

那雲是冰、液態水、水蒸氣中的哪一種？我常在課堂上問同學這個問題，得到的回答大多是——水蒸氣。

不如換個問法好了。你覺得肉眼看得見水蒸氣嗎？

沒錯，水蒸氣是看不見的。既然雲是看得見的，那就表示不是水蒸氣，而是液態水或固態冰。

更直接地說，雲的真面目就是飄在空中的水滴或冰粒（冰晶）。雲是水還是冰，會因為飄浮的高度而有所不同。一般來說，從地面開始愈往上空，氣

濃霧

筆者攝影

溫愈低，所以飄得愈高的雲愈有可能是冰所形成的。冬天飄在日本北部的雲幾乎都是冰。

各位有看過濃霧嗎？

霧是飄在地表附近的小水滴，是讓人視線模糊的氣象現象，如果在天空中發生同樣的現象，那就是「雲」。在超低溫之下形成的「固態霧」是鑽石塵（細冰），水蒸氣在空氣中凝結成結晶，呈現出閃閃發光、美不勝收的氣象現象。

上升氣流與雲層厚度

11 雲的形成

風由下而上（由地面吹往天空）吹的「上升氣流」是形成雲的必要條件。反過來說，有雲就有上升氣流，有了這個觀念就幾乎不會出錯。上升氣流愈強，雲層就愈厚愈發達，因此較容易降下大雨或大雪。

普通低氣壓的上升氣流約是每秒數公分，強烈雷雨則是每秒10公尺以上。此外，美國有種日本很少出現的超大積雨雲——超級細胞（雷暴的一種），它會導致強烈的龍捲風肆虐，上升氣流的風速高達每秒50公尺。

引起上升氣流的成因有很多。舉例來說，風彼此相遇時會因無法靠近地面而產生上升氣流。此外，太陽的熱氣會提高地表處的空氣溫度，受熱後的空氣變輕了就像熱氣球那樣往上飄。

昆蟲或黑鳶等鳥類會順著上升氣流的飛行。

空氣被上升氣流帶往高空後，氣壓下降，空氣膨脹。膨脹時會消耗能量，導致氣溫下降。氣溫下降後，空氣中的水蒸氣便會形成水滴或冰晶。

在日常生活中常常可以體驗到這種現象。打開汽水的寶特瓶時，瓶子會發出「噗嘶」的聲音，並冒出白煙。這也是因為空氣在瓶蓋打開的瞬間發生膨脹，膨脹導致周遭的溫度下降從而產生細微的小水滴。

12 為什麼雲有各式各樣的形狀和顏色？

從下方眺望雲時，我們會看到純白的雲、閃亮的銀白雲，或是陰暗的黑雲。它們到底有什麼不一樣呢？

這是因為雲層厚度不同的關係。陽光會穿透薄雲，所以雲看起來會是白色的，而光線無法穿透的厚雨雲則會呈現灰色，至於帶來強烈雷雨的雷雲則是黑色的。除此之外，還有其他罕見的現象，煙霧等小粒子在空氣中飄舞，產生偏黃色調或綠色調的夢幻景色。

此外，雲的形狀會因為上升氣流的強度、朝向或發生高度的不同而產生變化。例如：當地表潮溼溫暖的空氣升到高空5公里處後，會釋放大量的水蒸氣形成濃厚的雲層；但在空中10公里處的空氣若上升到12公里，則只會出現少許水蒸氣，形成薄雲。

人是很喜歡「分類」的生物，總是想將各式各樣的東西分門別類，如動物、石頭、人的性格……。心理學或占星常將大約79億人（UNFPA「世界人口白皮書2021」）分成多種類型。

雲也不例外，氣象學界將雲分成10種，再從10種中分出更多種類或變種。這10種雲是如何分類的呢？

首先，根據雲的飄浮高度分出上層雲、中層雲、下層雲（台灣的分類為高雲族、中雲族、低雲族）。在日文中，上層雲有「巻」字，中層雲有「高」字，下層雲則不加字。傳說是因為下層雲的位置明明比人還高，卻被人說成「低」或「下」，所以它會生氣。

再看看感覺起來是「蓬鬆的」還是「平坦的」。在日文中，蓬鬆的雲有「積」字，平坦的有「層」字；夾帶成團降水（雨或雪）的有「乱」字。

所有的雲可分成10類，分別是：卷雲、卷層雲、卷積雲、高積雲、高層

10種雲形

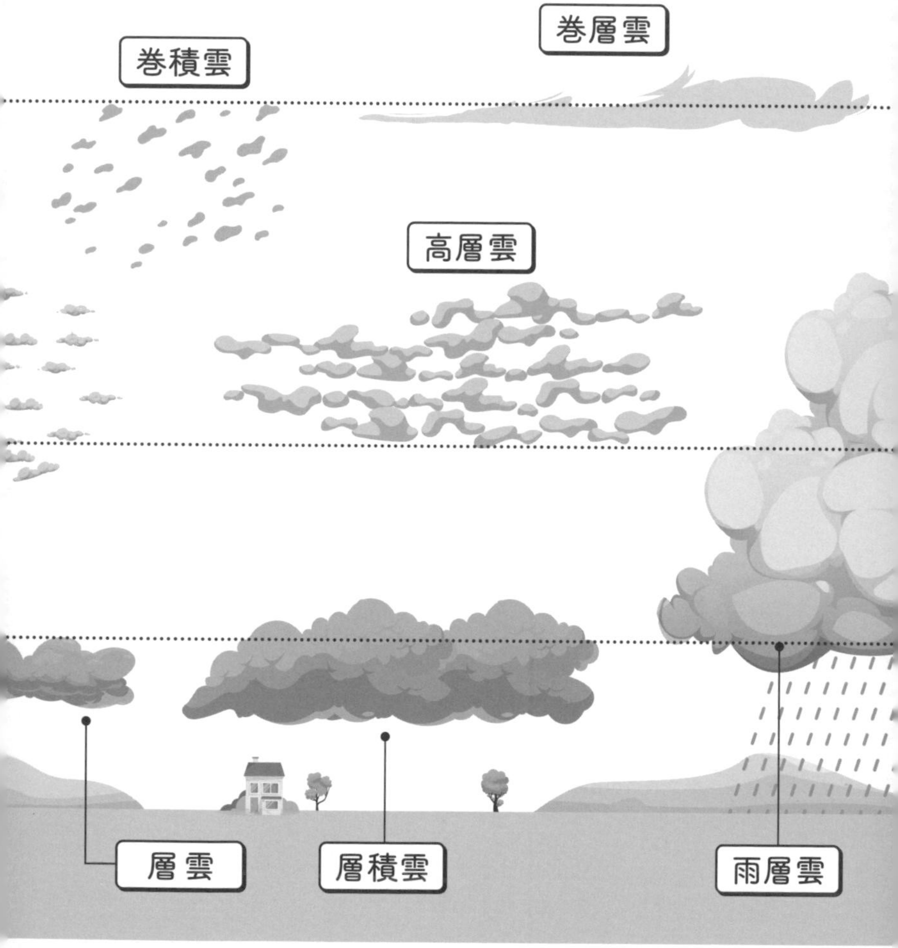

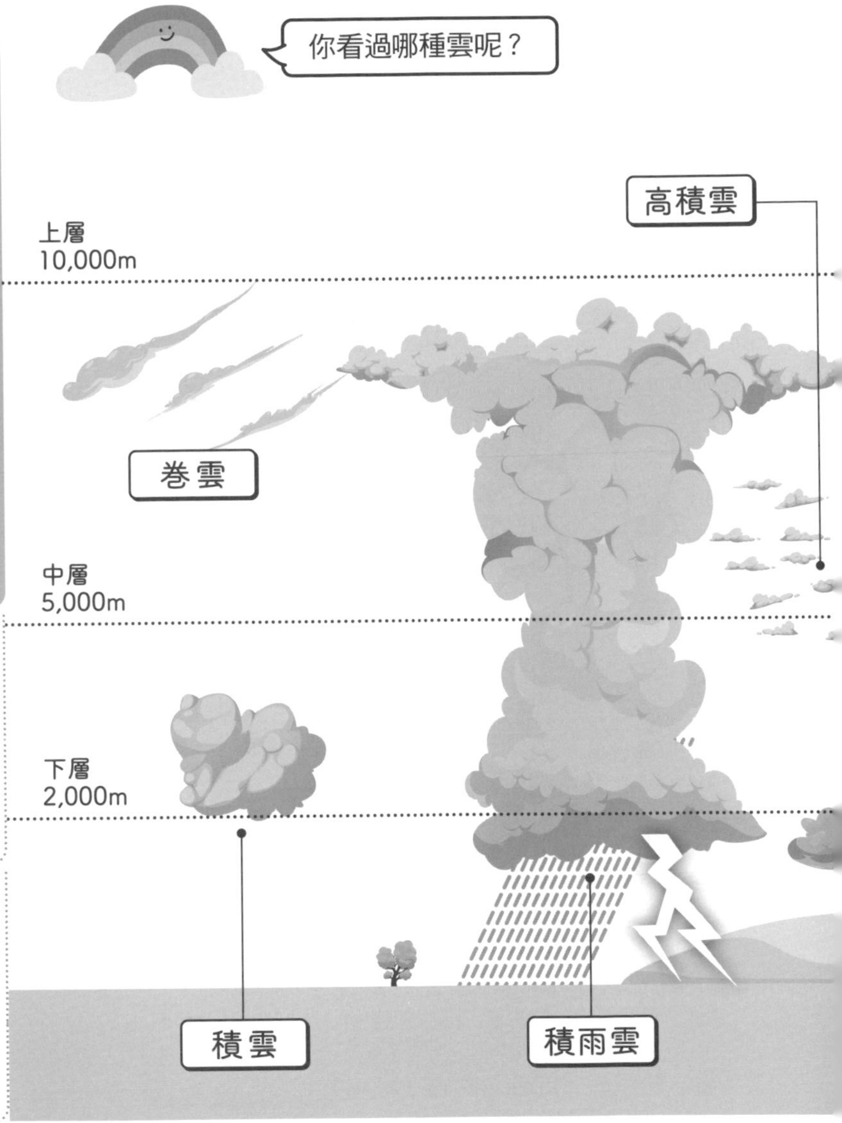

註：此處的雲層高度是日本的分類方式，跟台灣不一樣。

雲、雨層雲、積雲、積雨雲、層雲、層積雲。

13

雨和雪是怎麼形成的？

在雲朵中，有無數個小雲滴正在飄舞。所謂的小雲滴是指形成雲的粒子，由水滴或冰的結晶組成。小雲滴不斷聚集，尺寸變大超過一百倍後，當上升氣流支撐不住後就會降下雨或雪。

雨有分「暖雨」和「冷雨」，日本幾乎都是「冷雨」，所以我從冷雨開始介紹。

雲的上層溫度很低，有很多冰晶。但雲的內部還混有過冷水。過冷水是指低於0度但不會結凍的水，可是一但受到某種刺激後反而更容易結冰。過

暖雨、冷雨

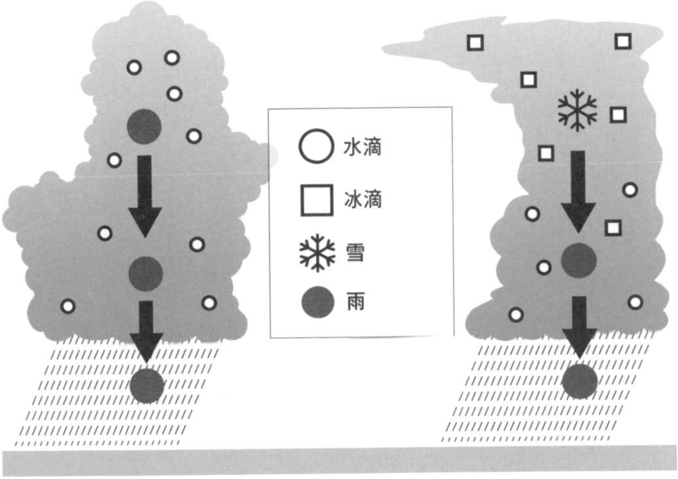

冷水接觸冰晶後會結凍並附著在冰晶上。除此之外，雲裡的溼度很高，含有豐富的水蒸氣，水蒸氣也會結凍並附著在冰晶上。

冰晶在這樣的過程中反覆不斷，變得愈來愈大，上升氣流最終無法支撐，落下「雪的結晶」或「霰」。雪的結晶會在落下的途中溶解，未蒸發並落到地面的就是「雨」。地面氣溫在3度以下時較容易形成雪，但最終是雪還是雨，關乎落地前的溼度或風速等各種因素。因此，即使氣溫接近10度時也可能出現下雪情況，而只有

1度時也可能只會下雨。雨夾雪就是降下雨和雪的混合體，經常在微妙的氣溫條件下出現。

另一方面，暖雨是由液態水的小雲滴不斷聚集放大，最後落下雨滴。不過，儘管雲含有大量的雲滴，但會放大一百萬倍這點還是很令人感到難以置信。為什麼天空會頻繁下雨或下雪呢？接下來登場的是協助下雨和下雪的好幫手——氣膠。

簡單來說，所謂的氣膠就是懸浮於空氣中的灰塵等粒子。大氣中有比雲滴更大的灰塵粒子，這些氣膠會變成「凝結核」，讓水更容易凝結，或是提高小雲滴形成大雨滴的效率。順帶一提，熱帶海洋富含的氯化鈉（食鹽）會被海浪捲起，經常在暖雨中扮演氣膠的角色。

雨層雲與積雨雲

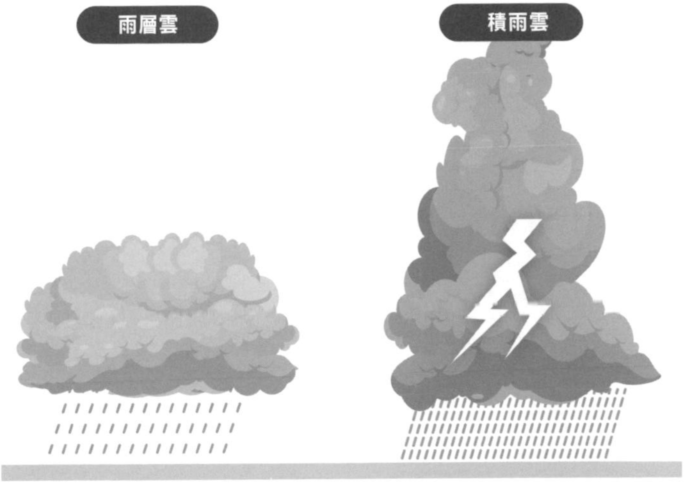

14 兩種雨和雪，雨層雲與積雨雲

在47頁的10種雲中有提到，日文中成團降水的雲會用到「乱」字。日文名稱有「乱」字的雲是雨層雲（乱層雲）和積雨雲（積乱雲）。兩者有什麼不同呢？

首先是雨層雲，日文俗稱雨雲或雪雲。雨層雲會在大範圍、長時間內降雨（雪），但強度不大。普通的溫帶低氣壓或暖鋒接近時，經常會

大氣的構造

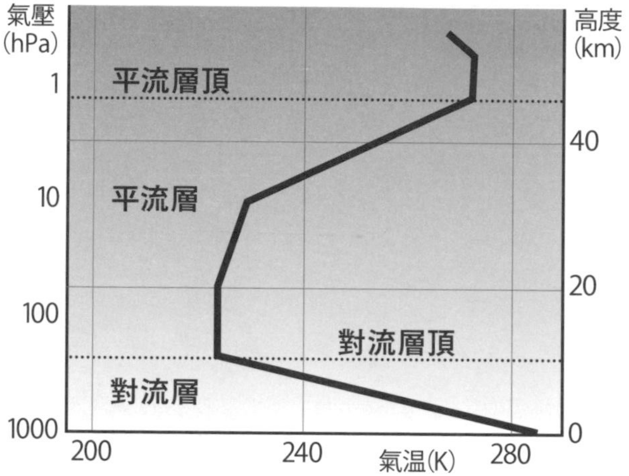

出處：日本氣象廳官網 大氣的構造與流向加工製作
https://www.jma.go.jp/jma/kishou/know/whitep/1-1-1.html

出現雨層雲。這時天空會佈滿陰鬱的雲，所以雨層雲不太受歡迎。

在日文中，積雨雲通稱為入道雲或雷雲。它會在短時間內帶來小範圍的大雨（雪），往往還伴隨著打雷、陣風、冰雹或龍捲風等現象。颱風、熱帶低氣壓、冷鋒接近，或是大氣狀況不穩時容易出現積雨雲。冬季在日本海側帶來大雪的雲，正是積雨雲。

從遠處看積雨雲就像一座巨塔，聳立在天空高處。夏天形成的雲極限高度大約是上空16公里（對流層頂），但特別強的上升氣流會打破這個「天花板」，超過這個高度（過衝）。

雨層雲的降雨面積廣，很少發生突然的消長情形，所以比較容易預報。只要得知雨層雲的行進速度和方向，就能判斷幾小時或幾天後的降雨情形。

相對地，積雨雲會反覆消長，降雨範圍小導致難以預報，所以經常會出現「局部雷雨」這種令人不耐的天氣預報。

15 大氣狀況不穩是什麼意思？

我們經常會在天氣預報中聽到「目前大氣狀況不穩，要小心打雷、陣風、冰雹或大雨」的說法。「大氣狀況不穩」是什麼意思？

用不倒翁來舉例應該會比較好理解。朝著正確方向的不倒翁絲毫不會翻

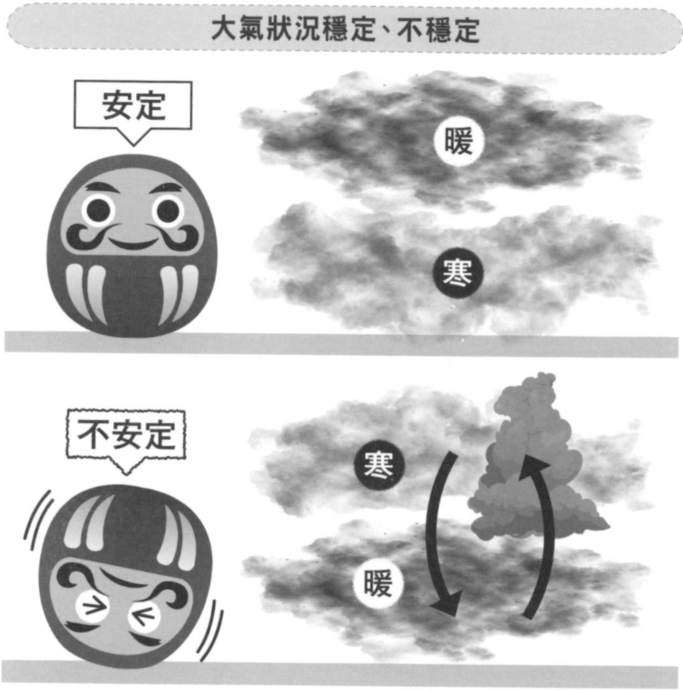

身，而是試圖回到原本的位置，這是「穩定」的狀態。但是，倒著放的不倒翁會因為想趕快翻身而一時站不穩，這是「不穩定」的狀態。

大氣的概念跟不倒翁完全一樣。像不倒翁一樣方向正確時，大氣會靜止不動，很難上下移動，這就是「穩定」。即使有雲，大氣還是很難上下移動，所以會產生平坦寬大的層狀雲（雨層雲）。平坦的雲會在大範圍降下均勻無聲的細雨。

另一方面，當大氣像不倒翁倒放在「很想上下移動」的狀態時，就是「不穩定」。雲層會逐漸垂直發展，並降下小範圍的大雨。所以，大氣狀況不穩時，驟雨或雷雨的發生機率會增加。

具體來說，大氣什麼時候穩定，什麼時候不穩定？其關鍵就像調整不倒翁的重量才能保持穩定那樣——空氣的「重量」。空氣的特性是暖空氣輕，冷空氣重。所以，當地面是冷（重）空氣，上空是暖（輕）空氣時，空氣會保持不動，處於穩定狀態；相反地，當上空是冷（重）空氣，地面是暖（輕）空氣時，大氣就會處於不穩定的狀態。

大氣狀況不穩就表示天空有強烈的冷空氣，或是地面有濃厚的暖空氣。夏季的午後之所以很常發生雷雨，就是因為強烈的日照讓地面的溫度上升了，導致上空的冷空氣更容易流動。如果你會看著積雨雲說出「今天會有雷雨喔」，那就表示你是愛好氣象的同伴了。

16 霰、雹是怎麼產生的？

天空不只會下雨或下雪，有時也會降下堅硬的冰。直徑小於五毫米的冰是霰，大於五毫米的則稱作雹。

假如上升氣流很強會發生什麼事呢？降落的雨和強烈的上升氣流相遇後，雨滴會再次衝向天空。高空處的氣溫非常低，所以飄散的雨滴會凝結成霰。霰再次降落時會凍結雲裡的過冷水，並逐漸變大。接著又被強烈的上升氣流吹高……就這樣反覆不斷。強烈的上升氣流最後支撐不住了，霰便以更大的「雹」落下。也就是說，天空下冰雹就表示有強烈的上升氣流。這就是冰雹跟夏季的強烈雷雨一起降落的原因。

下冰雹是一種非常罕見的氣象現象。關東北部到甲信地區的高山周邊（溫

下冰雹

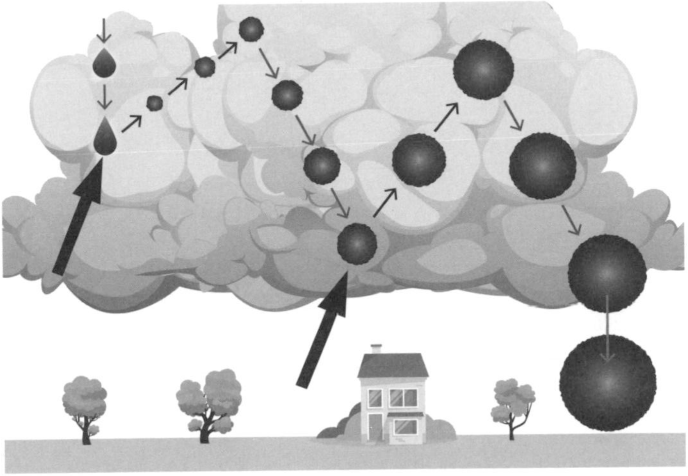

暖期），以及北陸到東北日本海側（寒冷期）比較常出現冰雹。

由於冰雹會伴隨強烈的雷雨，日本的冰雹高峰期當然是初夏到初秋。只看關東甲信地區的話，會發現兩次高峰分別是五月下旬和七月下旬。

下冰雹的時間非常短，大多是10分鐘左右，且範圍非常小，光是一個車站的距離，災害情況就完全不同。所以跟相距有點遠的人聊冰雹的事，也有可能對不上。

積雨雲是下冰雹的罪魁禍首。積

雨雲有時會降下強烈冰雹，瞬間堆積出數10公分以上的冰雹，威力不容小覷。

1917年6月29日，熊谷降下直徑29.5公分的巨大冰雹，創下世界紀錄。近年來，2014年6月24日東京三鷹市等地降下強烈冰雹，馬路彷彿下過大雪般一片雪白。情況嚴重到車輛無法通行，新聞出現民眾不得不拿出鏟子來「鏟冰雹」的報導。此外，2017年7月18日、2021年7月11日，東京都內也出現過大範圍的激烈冰雹，給人下冰雹的次數變多的印象。

不過，霰有分「冰霰」和「雪霰」兩種。

冰霰：很小的冰。透明堅硬，出現的時機不分季節。

雪霰：白色柔軟。雨變雪、雪變雨的時候經常降下雪霰，附著在雪結晶上的細小冰粒，特徵是比冰霰脆弱。

17 除此之外，天空還會降下哪些東西？

天空還會降下其他東西。偶爾還有小魚、湯勺（甚至是動物）從天而降的報導，但這裡我們只談「水」的現象。

首先是發生於寒冷地帶的美麗氣象現象──鑽石塵。

正如其名，鑽石塵是自空氣中飄舞落下的小冰粒，因陽光的照射而閃著金色或彩虹色的光芒，十分唯美。鑽石塵會在晴天、氣溫低於負10度，無風且溼度高的情況下出現，條件缺一不可。日文又稱細冰（中文圈多稱為鑽石塵、鑽石星塵或冰晶），北海道內陸的名寄和旭川等地比較容易看到。

大家有聽過「凍雨」現象嗎？凍雨跟霰很相似，會暫時在空中融成雨，並再次結凍落下。天空有溫暖層且地面附近又堆積著冷氣時，經常會下凍

雪、凍雨、冰雨的關係

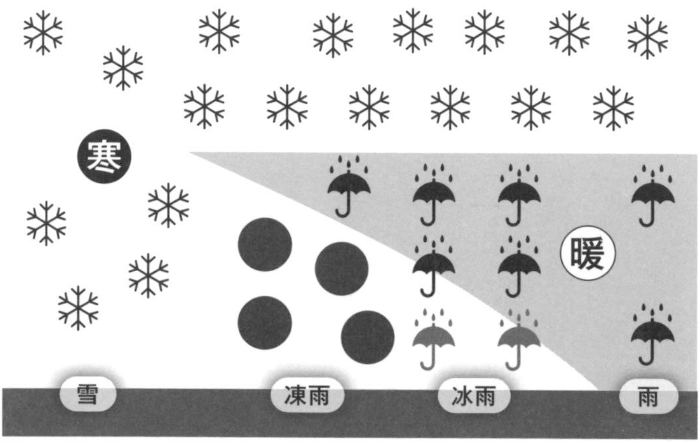

雨。

還有更麻煩的類型——冰雨。冰雨是過冷水降落成雨的現象。受到刺激的過冷水很容易結冰，並在接觸地面的瞬間結凍。道路會變成很滑的滑冰場，十分危險。冰雨接觸到其他物體像是電線或電車的集電弓時，也會當場結凍，非常麻煩。

2003年1月3日，關東南部降下大範圍的冰雨，造成嚴重災害。大雪說不定還比冰雨好。

今日聊天話題

天氣題外話②

各種氣象網站和天氣APP

網路上有tenki.jp、weathernews、Yahoo! 天氣等各式各樣的氣象資訊網，或是氣象APP。它們有什麼不同呢？

第一步，先留意「發布預報及使用的數據來自哪個單位」，我覺得這點很有趣。來源是日本氣象廳還是商業團體所架設的雨量計？是民間的數據嗎？資訊是透過許多支持者（一般民眾）蒐集的嗎？

稍微透露一些內情吧。日本的民營氣象公司會特別投入大都市的天氣預報，民間企業在乎利益是天經地義的事，讓更多人覺得預報「很準」尤其重要。他們會拚命投入東京、大阪、名古屋等地的預報，人口稀疏的地區或離島往往會被延後處理。

相對來說，氣象廳注重公共利益，對大都市和離島的預報付出同樣的心力。在離島或人口稀疏地區，還是氣象廳的天氣預報最值得信賴。

不過，民營氣象公司還是有其特殊功能的，氣象公司所在地的預報就做得不錯。例如，位於青森的氣象公司擅長掌握青森的氣象資訊。

請多比較不同的網站和APP，找出預報最準的工具。經過一番調查後，你或許會體會到氣象工作終究得靠人來執行。

第 3 章

天空在四季的各種面貌

18 影響日本四季的氣團

海洋或陸地上的空氣不會被攪亂或阻擋，因此，有著相同溼度或溫度的空氣會大範圍聚集，形成氣團。

氣團的特性大多為大型的高氣壓。日本周邊每年都會出現西伯利亞氣團（西伯利亞高壓）、長江氣團（長江高氣壓）、小笠原氣團（小笠原高氣壓、太平洋高壓）、鄂霍次克海氣團（鄂霍次克海高壓）等四種大型的高氣壓。另外，有一種名為赤道氣團的低氣壓氣團會隨著颱風或熱帶性低氣壓進入日本，並且降下豪雨。

氣溫和溼度會因為不同的高氣壓氣團、涵蓋的範圍而產生變化，季節也就跟著改變了。

氣團

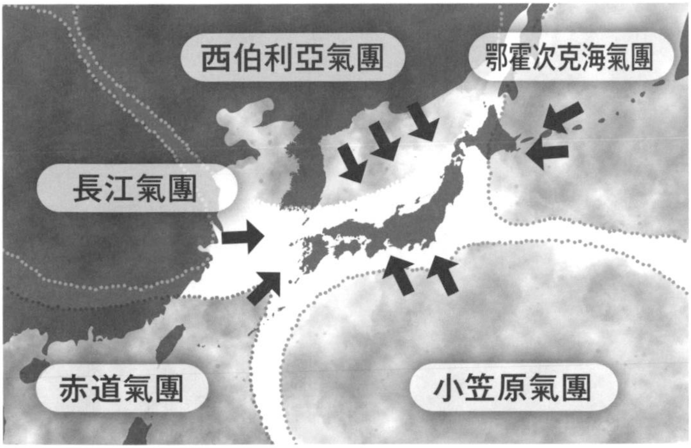

19 冬季的西伯利亞高壓使日本海側降下世界級的大雪

冬季時，西伯利亞高壓發展旺盛，氣團遍布日本列島。西伯利亞的強大高氣壓及日本東部的強烈低氣壓，形成西高東低的氣壓佈局。風由高氣壓區域吹向低氣壓區域，使日本附近颳起西北轉西的季風。

西伯利亞高壓低溫乾燥，來到日本

海時接收到大量的熱量和水汽，使得下層變得溼潤。因此，在太平洋側是乾燥晴朗的天氣，西日本的日本海側則會降下大雪。

西高東低

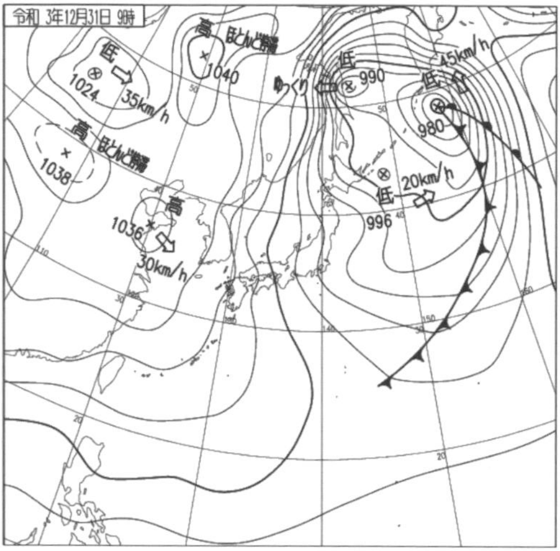

出處：氣象廳官網 過去的天氣圖

西高東低雲

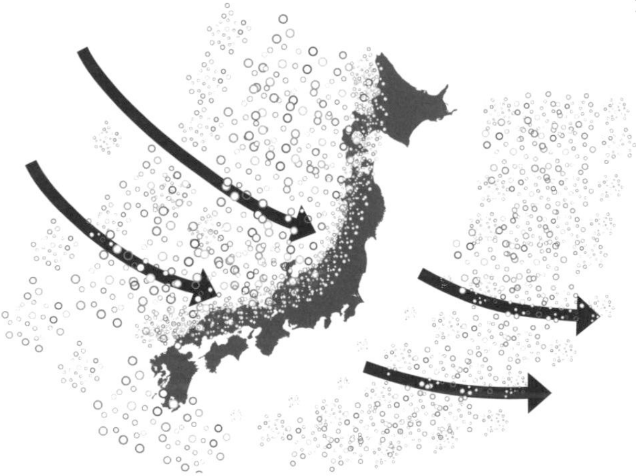

西高東低斷面

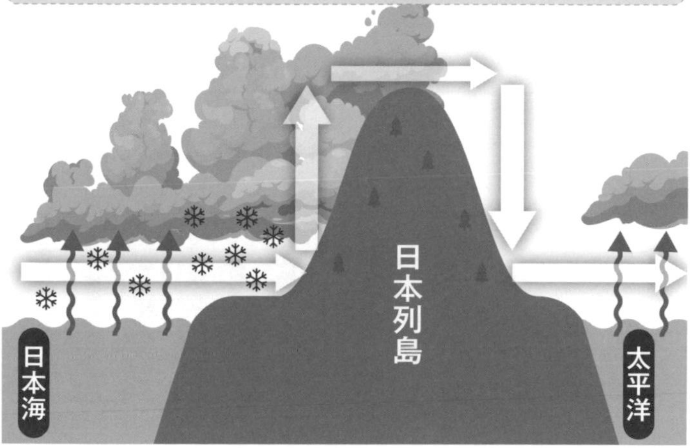

日本海側是世界級的大雪地帶。1927年2月14日，滋賀縣伊吹山創下積雪11.91公尺的世界紀錄。12公尺相當於4層樓的建築物。

不只如此，更令人驚訝的是，這還只是觀測地點的紀錄而已。觀測地以外的地方，降雪量可能更多。「立山黑部阿爾卑斯山脈路線」是知名的雪壁步行觀光景點，據說某些地方的雪壁高度超過20公尺。除雪後的高度或許不能算是正確的積雪深度，但光是有這種地方就已經夠驚奇了。

此外，還能透過降雨量的差異看出

鹿兒島和高田的年均降雨量

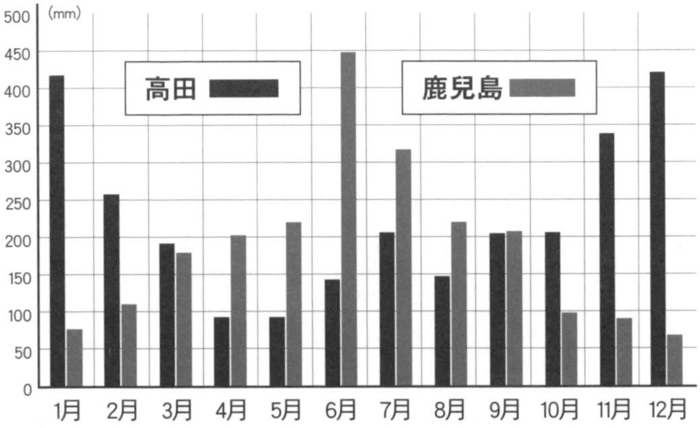

驚人之處。比較看看高田（新潟縣上越市）和鹿兒島的平均降雨量圖表吧。高田12月、1月與鹿兒島的6月降雨量差異不大，而鹿兒島6月的降雨量卻是每年都會出現災情的程度。如果將降雨量換成降雪量的話，就能想像高田在12月和1月時的降雪量有多驚人了。

如此誇張的豪雪量是由西伯利亞氣團和日本海所引起的。西伯利亞高壓在經過日本海時會吸收水蒸氣和熱氣，對寒冷的西伯利亞高壓來說日本海就像是「熱水」一樣。近年來也很常在日本的冬天觀測到熱氣瀰漫（蒸氣霧）。

暖冬、寒冬

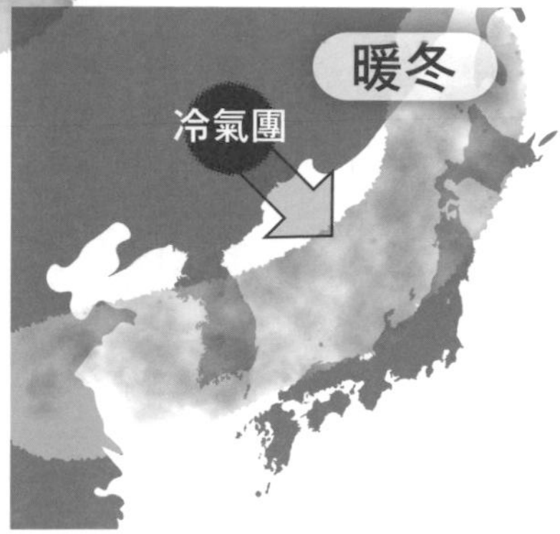

西伯利亞高壓的下層變暖，導致大氣處於不穩訂的狀態，在日本海上空出現大量的積雨雲。雲順著西北季風到達日本海側，造成打雷、下大雪的天氣型態。

你知道日本打雷最多的都市是哪裡嗎？答案是日本海側的金澤。金澤的打雷頻率更勝亞熱帶的那霸，甚至超過前橋（前橋有款名為雷光米的水稻品種，便是因打雷頻率高而得名的）。據說金澤有這麼一句話：「就算忘了帶便當也不能忘了帶傘。」

「冬天」在日本有著不同的面貌：有類似2018年的寒冷冬季，也有2020年的暖冬，其間的差異取決於西伯利亞高壓的強度。當年的西伯利亞高壓如果強勁的話，就會有源源不絕的冷氣團進入日本列島，使日本海側降下大雪。

此外，當冷氣團或季風強勁時，大阪、名古屋、鹿兒島等太平洋側的都市就會會佈滿雪雲。偶爾還會出現天空晴朗卻下著雪的情景。這種天氣現象在日文中就稱作「風花」或「はあて」，在東京是遇不到的。

關東平原的前橋等地在晴天時偶爾會看到小雪花（風花）紛飛，但南關東地區卻看不到。北關東人很熟悉「風花」一詞，但南關東人應該很少聽過。

聊到天氣時，理所當然地說出對方完全沒聽過的詞彙，這或許就是跟其他地區的人攀談才能享有的樂趣吧。

20 太平洋側的雪

日本海側的雪主要由西伯利亞高壓引起的，而東京等太平洋側地區的雪則是由低氣壓造成的。

一般來說，低氣壓（溫帶低氣壓）的生成與發展是暖氣團和冷氣團互相碰撞的結果。當西伯利亞高壓強勁時，日本列島會被冷氣團所籠罩，因此低氣壓會在日本很南邊的地方形成。但隨著季節的推進，西伯利亞高壓後退後，低氣壓就會抵達日本的南岸，這便是「南岸低氣壓」。

南岸低氣壓吸收來自北方的冷氣團並發展壯大，一旦天氣條件合適，便會讓東京下起雪來。下雪的條件大約是地面氣溫3度以下，或是1500公尺左右的空中，其氣溫在負3度以下。下大雪時，地面氣溫多半在1度以

南岸低氣壓

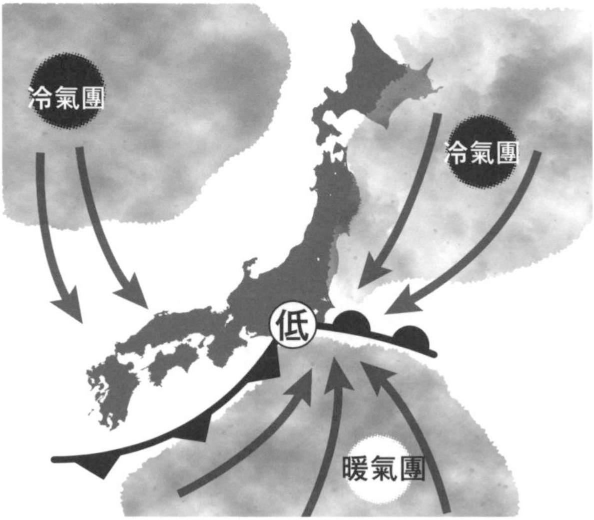

下，1500公尺處在負6度以下。

冬天當低氣壓抵達日本列島的南岸時，下雨的情況往往比較多，也帶來更多的暖空氣。當低氣壓發展愈來愈旺盛時，帶入的冷空氣和暖空氣就愈多。在眾多因素的影響下，很難預測是下雨還是下雪。

低氣壓在黑潮的影響下會引入暖風；因此，四面環海的房總半島上，像是館山、勝浦、銚子等地，就很少下雪。另外，像是因風向影響很難降溫的小田原地區也很少有機會下雪。深入研究便會發現，南岸低氣壓所特有的局部天氣型態是非常有趣、複雜的。

21 春一番

接近春天時，冷氣團消散、暖氣團漸強，低氣壓的形成位置逐漸向北推移，最後形成通過日本海的低壓系統。正如先前反覆提到的風會吹向低氣壓的觀念。所以，風會吹往日本海的上空，因此形成大範圍的南風。

立春到春分期間吹起的第一道強勁南風就稱為「春一番」（春天的初次強南風）。不同地區對春一番的定義不同，關東地區的定義如下：

春一番

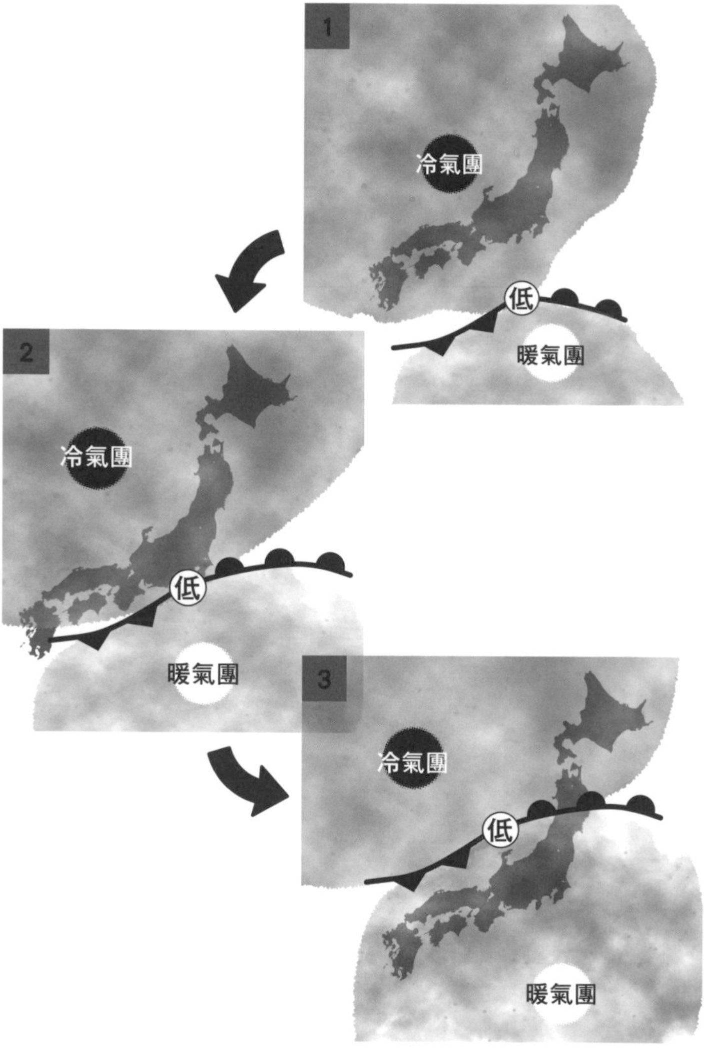

- 日本海有低壓系統，如果低壓系統得以發展的話更好。
- 關東地區吹起強勁南風，氣溫升高。具體上是指東京的最大風速為風力5（每秒風速8公尺）以上，風向為西南西～南～東南東，氣溫比前一天高。但無可避免的是關東的內陸地區也有不吹強風的。

聽到春一番這個詞時，人們的心情總是興奮的，但其實春一番所引發的暴風災情其機率僅次於颱風，所以還是必須提高警覺。此外，氣溫升高可能會導致雪量多的地區發生雪崩或融雪洪水。

伴隨著冷鋒的低氣一但通過後，大多會恢復成西高東低的冬季型氣壓模式，氣溫下降。

22 春天的氣壓配置
長江氣團

到了春天，西伯利亞高壓減弱，換陸地南方的長江氣團（揚子江氣團）發展了。長江氣團由溫暖乾燥的空氣組成，撕裂成移動型高氣壓並朝日本前進，為春天帶來和煦的晴天。

高氣壓之間的氣壓山谷會產生溫帶低氣壓，所以春天的天氣呈週期性變化。

春天

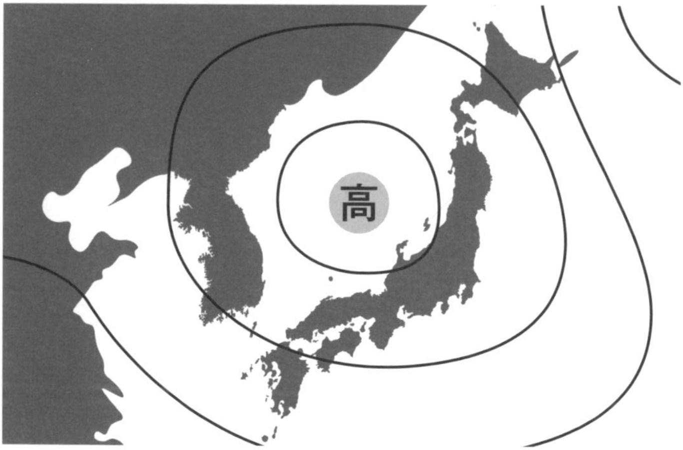

23 梅雨

四季持續變遷。南海上的小笠原（太平洋）高壓，以及鄂霍次克海上的鄂霍次克海高壓逐漸成長。小笠原高壓高溫潮溼，而鄂霍次克海高壓則屬於低溫潮溼的高氣壓。兩者剛好在日本附近相遇，造成天氣陰晴不定；這就是「梅雨」的成因。

兩種高氣壓彼此抗衡，使鋒面短暫停留，但隨著夏季高溫時期的到來，小笠原高壓明顯增長，逐漸追上北方的鄂霍次克海高壓。如果小笠原高壓持續向北發展，但天氣並未出現變化，就表示梅雨季結束了。梅雨結束後，日本就會完全進入小笠原高壓的範圍，迎來潮溼酷熱的晴天。

梅雨季結束的時間並沒有明確的標準。所以日本天氣快報經常會出現梅雨季大概會在某日結束的模糊說法，日期常根據後續的變化而有所變動。

梅雨

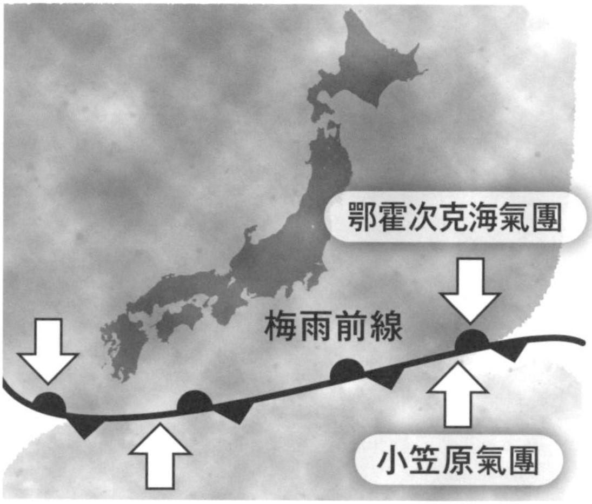

梅雨季結束

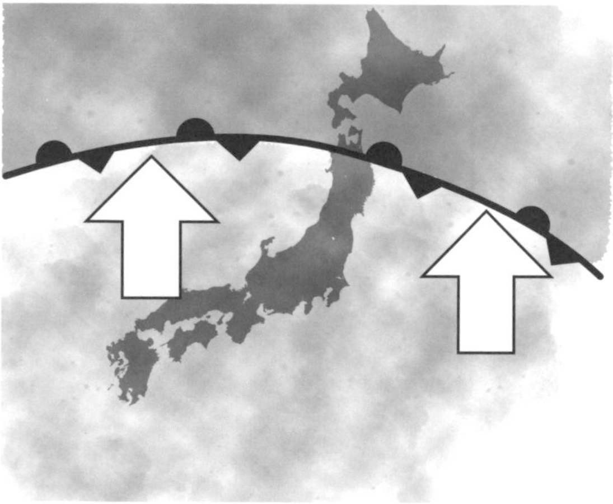

24 梅雨大小事

梅雨有各式各樣的型態。本來以為會突然下大雨，結果一下子就放晴了，陰晴變化很大的是「陽性梅雨」；天空一直烏雲密佈，綿綿細雨下個不停的是「陰性梅雨」。陽性梅雨要小心豪雨，陰性梅雨則要注意寒害或日照不足。梅雨季的前半段通常是陰性梅雨，末期則轉為陽性梅雨。

「空梅雨」是指鋒面不活躍，梅雨季太早結束而導致降雨量過少的情況。梅雨不足會造成夏季嚴重缺水。

此外，「梅雨再現」是指梅雨鋒面暫時往北，本來以為結束了，結果鋒面再次南下並降下梅雨。2021年的「梅雨再現」真是令人記憶猶新阿。還有一種常下雨打雷的類型是「雷梅雨」。

梅雨東西側

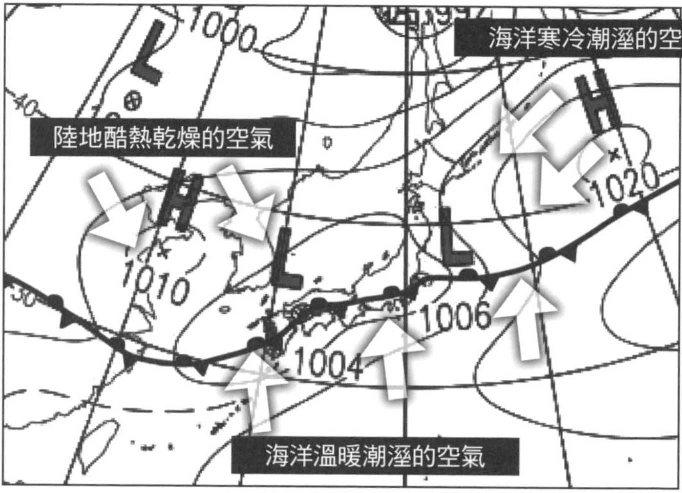

出處：氣象廳官網 過去的天氣圖

話說回來，東京為首的關東地區、東北地區太平洋側的居民看到新聞會不會感到疑惑呢？

氣象報導說梅雨鋒面會造成九州連續多日豪大雨，但東京卻只下綿綿細雨……可是天氣會由西往東變化，那東京應該也會下豪大雨吧？

其實，梅雨鋒面的西側和東側差異很大。鄂霍次克海高壓和太平洋（小笠原）高壓之間的「滯留鋒」頂多只會出現在梅雨鋒面的東側，西側的情況則略有不同。

積雨雲受到阻擋難以進入關東

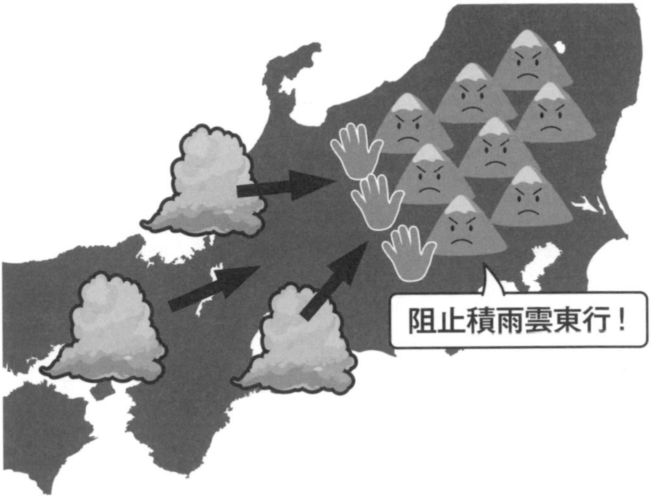

請看上一頁的示意圖。陸地高溫潮溼的空氣，會跟海洋溫暖潮溼的空氣相遇。這表示有兩個暖氣團正在碰撞，兩個水氣含量不同的氣團相遇了。這種情況跟普通的滯留鋒不一樣，稱作「水氣鋒面」。

梅雨鋒面東側是典型的滯留鋒，綿延的雨層雲會讓細雨下個不停；西側則是水氣鋒面，大氣狀況非常不穩定，積雨雲是導致瀑布般豪雨的主要原因。

雖然西日本上空的積雨雲也會東行，但到了關東平原西側時就被高山擋住難以繼續東行。因此，光憑梅雨鋒面是很難在東京引起極端大雨的。

不過，當強勁的冷氣團出現時，或是颱風、熱帶性低氣壓靠近時，關東也是會下大雨的。這些都只是一般的情況，所以還是得依據最新的氣象資訊來判斷喔。

25 梅雨季結束，酷暑、冷夏、小笠原氣團

梅雨季的結束方式有很多種，比如鄂霍次克海高壓強勁，梅雨鋒面南移並就此消失，這種與標準情況相反的類型往往是冷夏。

比較極端的例子是過了8月立秋後，梅雨鋒面依然沒有遠離日本也沒有消失，而是直接變成「秋雨鋒面」。沒錯，梅雨鋒面過了立秋後會改稱「秋

雨鋒面」，1993年的秋雨鋒面很有代表性。大部分地區都無法掌握梅雨季的結束時間。不曉得還有沒有人記得因氣候災害導致農作物嚴重欠收，必須大量進口泰國米的事？

太平洋高壓偏南型

北冷西熱型

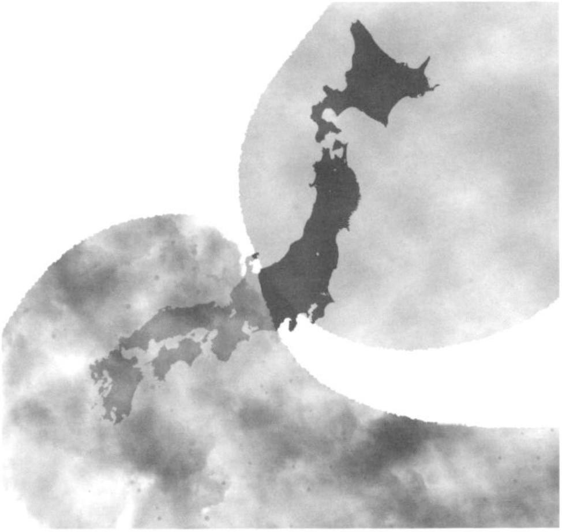

此外，西日本受太平洋高壓籠罩，東日本和北日本則受鄂霍次克海高壓籠罩，形成「北冷西熱」的夏季。另一種情況是１９９９年和２０２１年太平洋高壓偏北的類型。大致來說，太平洋高壓會造成「沙漠型氣候」，那在更南端的地區會是什麼樣的天氣型態呢？

答案是ＩＴＣＺ（赤道低壓帶、間熱帶輻合區）。這地區的積雨雲會快速發展，造成頻繁下雨或雷雨，形成所謂的「熱帶雨林氣候」。

積雨雲聚集成的漩渦就是熱帶性低氣壓或颱風。日本近海曾在２０２１年接連形成颱風和熱帶性低氣壓。

太平洋高壓偏北型

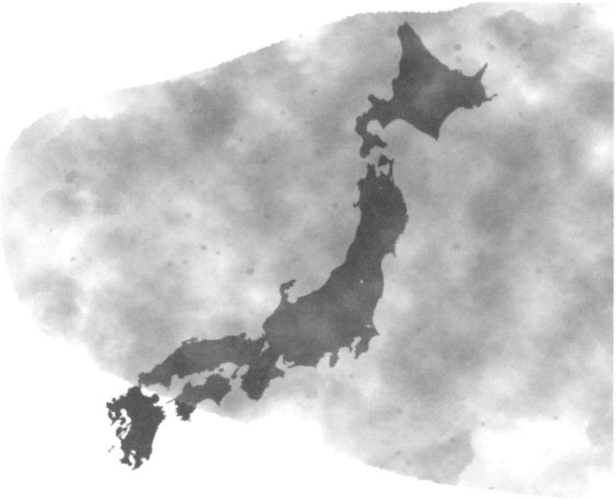

太平洋高壓與ITCZ（赤道低壓帶）

26 秋雨、秋季氣壓配置與颱風

秋季時，當太平洋高壓後退，已遠離的梅雨鋒面可能會再度返回日本，這就是秋雨鋒面。當秋雨鋒面滯留時會連續降雨，但雨量通常不及梅雨季。

秋雨鋒面南移，形成類似春季的氣壓配置，移動型高氣壓和溫帶低氣壓交替出現，使天氣產生週期性的變化。

此外，秋季常會出現由熱帶性低氣壓發展而成的颱風，帶來劇烈的暴風雨形成嚴重災害。

接近秋雨鋒面停滯區的颱風會活化秋雨鋒面（以前常有颱風刺激鋒面的報導），進而引發豪雨，典型的例子是2000年的東海豪雨。

有句日文慣用語是「女の心と秋の空」，意思是女人心如秋天的天氣，當

然也可以替換成「男の心と秋の空」。男性不懂女性的心思，認為女性的情緒變化礁以捉摸；而女性也不理解男性的想法，「不懂男人心」。「秋天的天氣」就像奇妙的異性心理一樣陰晴不定。

27 入秋後，日本海側有陣雨

入秋之後，太平洋側的天氣大多穩定，但日本海側會進入秋季的陣雨——時雨。太平洋側沒有秋季陣雨的氣候類型，所以住在東京的居民大概很難想像為什麼都秋天了還一直在下雨。

頭頂吹著冷風，積雲或積雨雲接連通過，頻繁的下著驟雨，有時甚至還出現打雷或霰，天候相當惡劣。只要想像一下夏天反覆下雷陣雨的畫面，應

時雨

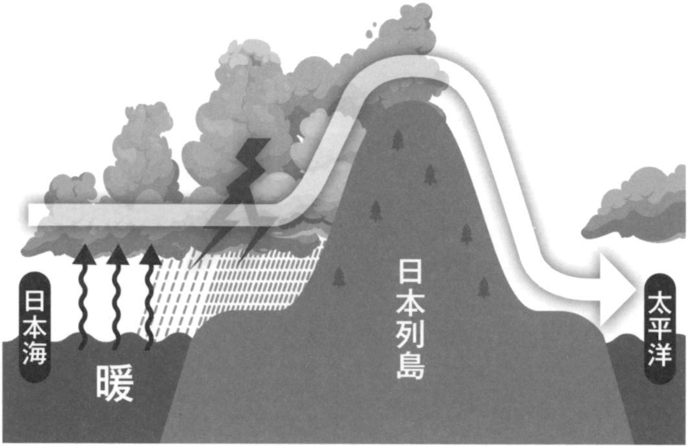

該就能明白了。

遇到來自其他地區的人時，拋出秋季陣雨的話題說不定能聽到一些有趣的故事喔。

季節持續變化，下著陣雨的日子慢慢變成下雪了，日本海側正式迎來雪季。

今日聊天話題

天氣題外話③

技術進步、精準度提高 但預報還是會失準

電腦科技日新月異，人類將在不久的未來將實現量子電腦技術。有了超高性能的電腦就能100%預測天氣嗎？

答案是「NO」。

即便是超級電腦也很難精準預報天氣，原因在於「蝴蝶效應」。蝴蝶效應是指「北京的一隻蝴蝶拍動翅膀會造成紐約降雨」的狀況。蝴蝶拍動翅膀所引起的細微大氣變化，經過時間的累積後就會改變未來的氣象。

一隻蝴蝶的展翅動作對空氣的影響雖然微不足道，但過了一天、二天……一段時間後，全球所有拍動翅膀的蝴蝶就能對大氣狀態造成影響。除了蝴蝶外，還有昆蟲、鳥類的各類型活動，甚至是某人拿橡皮擦擦掉錯字所產生的熱能、打噴涕等，都會影響到天氣。

即便是超級電腦也沒辦法預測出誰會在何時、何地打噴嚏。這些微小變化積沙成塔，讓我們無法精算出未來的天氣狀況。

物理學上有時會提到「拉普拉斯惡魔」。如果拉普拉斯惡魔知道宇宙中每個粒子的運動狀態，那就能得知未來的一切。宇宙約有1,000無量大數×100,000,000（10的80次方）個粒子。我不認為現實中存在拉普拉斯惡魔，最新的科學研究認為即便真的有拉普拉斯惡魔，未來依然不可預測（量子力學觀點）。

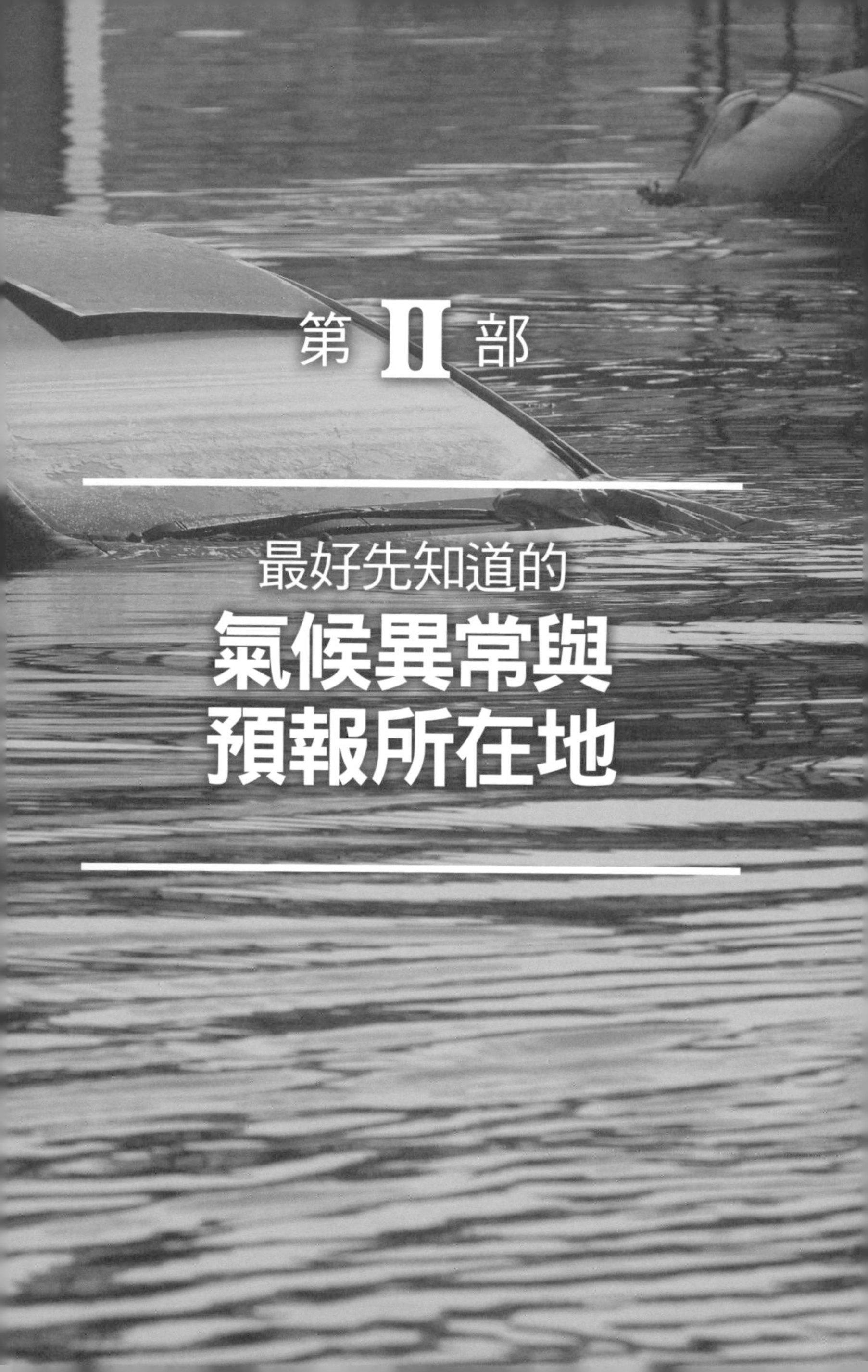

第 II 部

最好先知道的
氣候異常與預報所在地

氣象災害似乎正在逐年增加。
平時很少經歷的
極端酷熱或寒冷氣溫、
嚴重豪雨或颱風，
這都是全球暖化造成的嗎？
本章將解說不斷變化的天氣預報，
幫助你及早發現異常氣候的
威脅及危險性。

第4章

氣象災害、異常氣候

28 什麼是颱風 颱風大解析

颱風是由熱帶性低氣壓發展而成的，中央最大風速為17.2公尺以上。一般來說，溫帶性低氣壓的暖氣團和冷氣團會互相碰撞，但因為熱帶性低氣壓只會在赤道附近的暖氣團中成形，所以不會有鋒面的存在。

你去過新加坡、婆羅洲等赤道以南的國家旅行或出差嗎？這些國家雖然感覺是晴天，但卻會突然下起大雨或

赤道低壓帶（ITCZ）

積雨雲形成颱風的過程

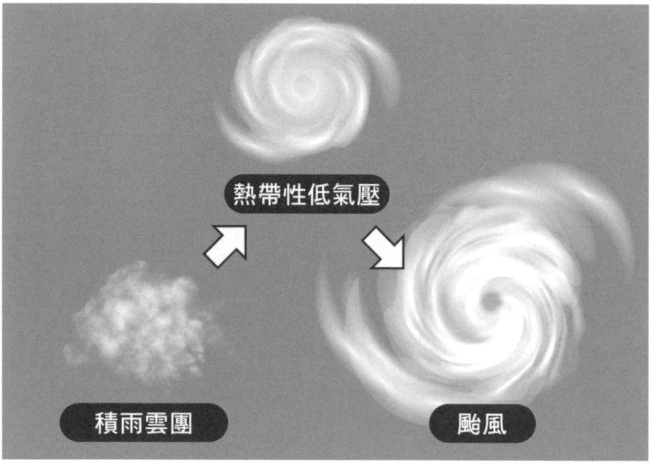

雷雨（暴風）。原因就在於赤道附近是非常容易產生積雨雲的。積雨雲會聚集（雲簇）成漩渦並產生熱帶性低氣壓，繼續吸收周圍的積雨雲後就變成颱風了。

颱風多半會在夏秋季節進入日本。大量積雨雲組成的颱風會引起強烈暴風雨，同時帶來赤道附近的暖氣，造成天氣悶熱。

颱風有各種型態，有引發雨災的颱風，也有風力強勁的颱風。前者稱為雨颱風，後者則是風颱風。

艾達（1958年9月）、凱瑟琳

路徑的右側很危險

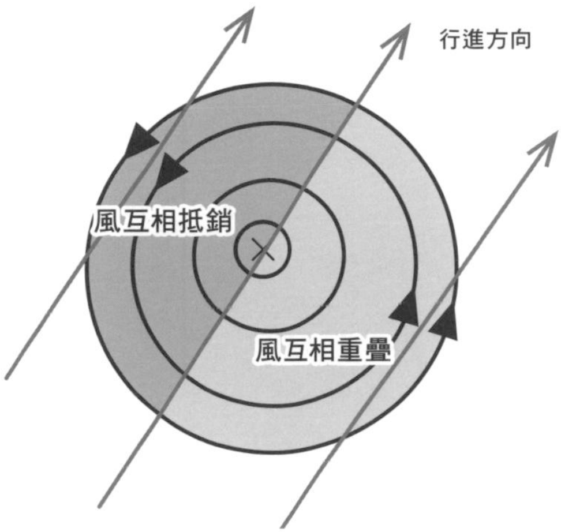

（1947年9月）及哈吉貝（2019年10月）是雨颱風；密瑞兒（1990年9月）、梅瑞（1954年9月）及法西（2019年9月）則是著名的風颱風。

大致來說，由於颱風的積雨雲會長時間停留，因此行進緩慢的雲團會形成雨颱風。

此外，行經太平洋側的颱風大多是雨颱風，日本海側的則是風颱風。因為在颱風路徑的右側，颱風本身的風和移動時所產生的風會互相重疊。

穿越日本海後，日本列島的一大

雨颱風、風颱風的路徑

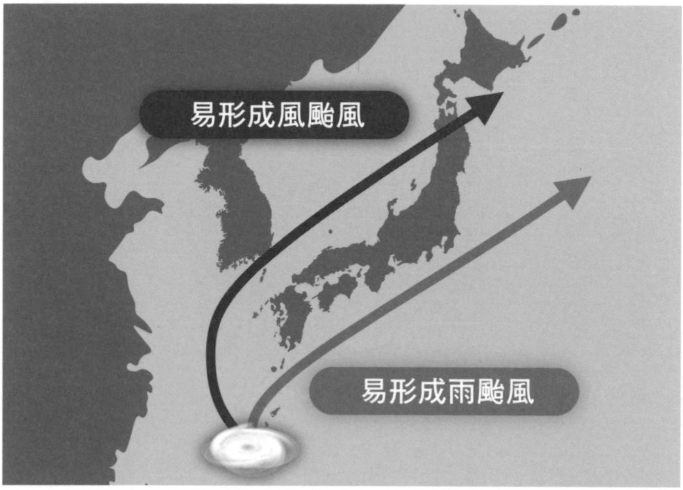

部分都位在颱風路徑的右側。這種行進路線的颱風往往會在西風的助長下猛烈加速，並增強路徑方向上的右側風力。密瑞兒和梅瑞就是這類型的颱風，其前進速度高達每小時80～100公里。

從前進方向來說，很多原本往西的颱風都會突然迴轉，好像鎖定日本一樣。為什麼會這樣呢？

颱風在赤道附近的ITCZ（赤道低壓帶）生成並北上。但在日本的東南方有個巨大的高氣壓帶——小太平洋高壓，颱風會避開它往西

大氣環境

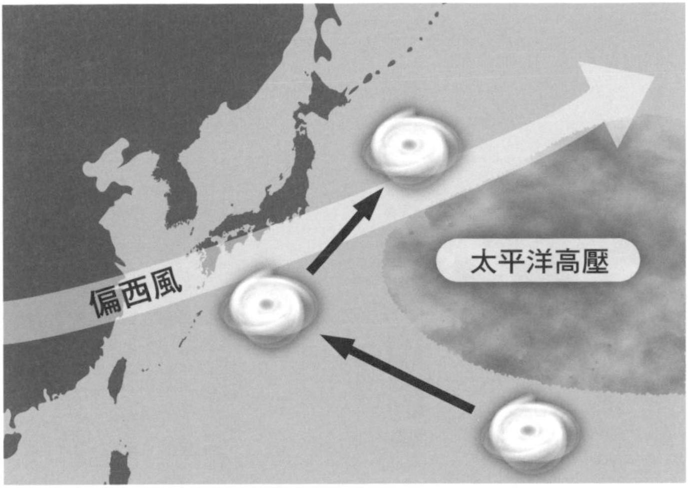

北方前進。

颱風是低氣壓，跟高氣壓合不來。當颱風逐漸北上接近日本後，會進入稱為「偏西風」的強烈西風影響區域。這時颱風的路徑就被這股強烈西風影響而轉向東方。

颱風西行時不會特別借助風力，移動速度緩慢，大概跟騎自行車差不多，甚至有可能比步行還慢。不過，颱風東行時就會開始加速，有時速度會提高10倍以上，一下子就抵達日本了，所以需要小心注意。

颱風（氣旋、颶風）的漩渦方向是哪一邊呢？颱風是低氣壓，在北半球會以逆時針方向旋轉，南半球則為順時針方向。因為南北半球的颱風漩渦方向相反，所以，不論多強的颱風都無法跨越赤道。赤道地區不會形成漩渦，所以不會產生颱風。最常出現熱帶性低氣壓的區域約在北（南）緯5～20度。

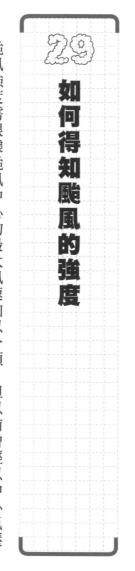

29 如何得知颱風的強度

颱風強度需根據颱風中心的最大風速加以分類，但以前曾經以中心氣壓的高低作為分類的標準。中心氣壓愈低，周圍的風就愈猛烈。

過去（1987年8月為止）日本曾派飛機進入颱風中心來測量氣壓，但因為

颱風的強度與大小

大小	半徑
大型	500～800km
超大型	800km以上

強度	最大風速
強	33～44m/s
極強	44～54m/s
猛烈	54m/s以上

實在太危險了，且耗費成本，因此現在改用德沃夏克分析法。德沃夏克分析法可藉由颱風雲團的類型算出中心氣壓，但缺點是容易將弱颱誤判為強颱，強颱誤判為弱颱。

但無論如何一定都要注意降雨強度這一點。從氣壓或風速上判定為強烈颱風的，在雨量上往往也有偏高的趨勢。1000hPa的熱帶性低氣壓其挾帶的雨量與猛烈颱風相當，這一點也不奇怪。

那麼，現在的颱風是否比以前更強了呢？

畢竟測量的方法有德沃夏克分析法和實測法兩種，因此目前還很難說現在的颱風是不是比以前強。如果假設全球暖化加劇，導致海水溫度升高，大氣中的水氣含量變多；那就會使積雨雲更加活躍，導致颱風變多、變強。只從模擬儀的結果來看，雖然颱風會變強，但生成數會減少。

30 為什麼會出現突襲式的豪雨或雷雨？

日文中的突襲豪雨（ゲリラ豪雨）、突襲雷雨（ゲリラ雷雨）的說法並非是正式的氣象用詞，跟「集中豪雨」一樣是新聞、媒體用語。日本大約在2008年接連出現局部大雷雨，媒體便開始使用這些詞彙。

毫米是表示降雨強度的單位。天氣預報也會出現明天降雨量可能達50毫米的說法。即使都是50毫米，但是在一天內、一小時內還是10分鐘內降下的，給人的感覺截然不同。所謂的「降雨強度」大多是指時雨量，以下所說的也是。

日本的時雨量最高記錄是1999年10月27日千葉縣佐原市（今香取市）的153毫米（佐原豪雨）。氣象廳以外的單位所觀測到的最高時雨量是1982年7月23日長崎縣長與町公所的187毫米。187毫米是下頁圖表中最高等級的豪雨量兩倍以上……真是令人難以想像。

順帶一提，自1886年觀測以來，東京只觀測過兩次時雨量達80毫米以上的猛烈大雨。

目前並沒有特別規定時雨量要超過多少豪米才算是突襲豪雨。比如，東京要在一小時達到50毫米以上的降雨量，一生只會遇到幾次；80毫米以上的雨量，一生中頂多只會遇到一次。只要時雨量超過50毫米，大多數人應該都會同意這是「突襲豪雨」吧？

降雨強度（時雨量）

未達0.2毫米	可以忍受不撐傘。
0.2～1毫米	弱雨。
1～2毫米	下大雨。
2～10毫米	微強雨。地上有大範圍積水，撐傘還是會淋溼袖子。
10～20毫米	強雨。雨聲太大，講話聽不清楚。
20～30毫米	傾盆大雨。車子的雨刷失去功能，撐傘還是淋溼身體。
30～50毫米	就像從水桶倒水的強烈大雨。河川可能會氾濫。
50～80毫米	如瀑布般的極強烈大雨。雨水飛濺造成眼前一片白茫茫，看不見前方。雨聲轟轟作響，令人恐懼。
80毫米以上	好像天空快掉下來的猛烈大雨。令人難以忍受的窒息感和恐懼感。

突襲豪雨、突襲雷雨是積雨雲所引起的。積雨雲即使在晴天也會突然發展，對於我們來說就像是「突擊隊」發動突襲攻擊一樣。即使知道目前的天氣容易形成積雨雲或是大氣狀況不穩，還是很難預測積雨雲是在下午3點還是6點出現，地點是新宿區還是奧多摩町。

有些氣象預報士不喜歡突襲雷雨、突襲豪雨等的說法，他們認為有明確根據才能預報天氣。但是，「多摩地區午後有局部雷雨」這種模糊的預報卻無法滿足用戶的需求。所以，我個人的想法是，在難以提供所需情報的情況下，抗拒使用突襲豪雨、突襲雷雨等詞語的想法是氣象預報士的傲慢心態。

31 躲避打雷

空氣很乾燥時，不小心碰到門把會感覺到刺痛感……發生靜電，而地球所產生的靜電就是打雷。

什麼東西接觸到空氣會產生雷呢？

雷在雷雲（積雨雲）中生成。積雨雲含有大量的冰粒，內部的強烈上升氣流造成不同大小的冰粒互相摩擦，因而產生靜電。

空氣並非導體，但當電壓在雲中逐漸累積時，就會迫使電流在空氣中流動。這時電流就會在空中邊尋找容易通過的路徑邊流動，因而產生鋸齒狀的閃電。

正如前面所述，電會在難以通過的空氣中強行流動，過程中產生大量的

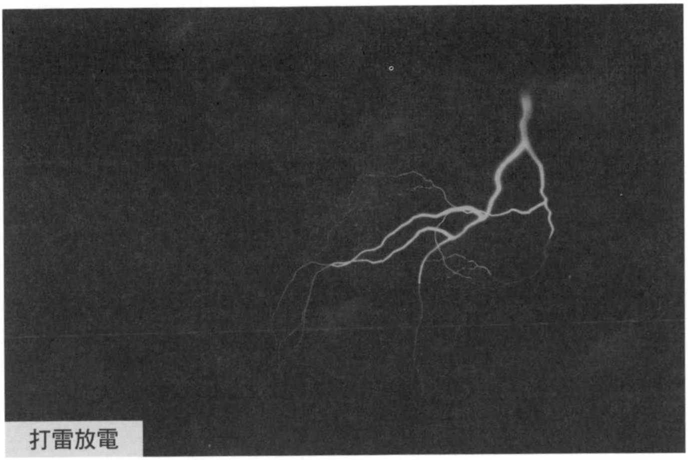

打雷放電

熱能，讓氣溫瞬間提高至3萬度左右。空氣變暖後會膨脹，迅速的膨脹使空氣劇烈震動因而產生巨大的聲響。

一般來說，雲中放電的現象稱作「雲中放電」或「雲放電」，雲向大地放電的現象則是「落雷」。

太平洋側經常在夏季午後打雷，日本海側（尤其是北陸、山陰、東北地區）則在冬季下大雪時打雷。冬季落雷所產生的能量要比夏雷大得多。此外，夏雷的特徵是由遠而近，冬雷則會突然在頭頂上發出巨響。

落雷有可能危及生命安全。

打雷時該怎麼做才好呢？趕快躲進堅固的建築物或車內是最好的應對方式。為了以防萬一，待在建築物裡時最好遠離有插座的地方。

在屋外時應遠離高大的樹木，並且蹲在地上。待在大樹附近的話，當雷打在樹上時會藉由樹木進行放電，引起「側擊雷」現象，人或動物處在這種情況下會非常危險。

請雙腳併攏，並蓋住耳朵。這是因為若腳張開的話，會讓閃電的電流從右腳進入心臟，再從左腳離開。收緊雙腳的話，受傷的地方就只有腳而已。蓋住耳朵則可避免落雷的爆音震破耳膜。

32 什麼是焚風？

2019年5月26日，在北海道觀測到異常的高溫現象：佐呂間町39.5度、帶廣市38.8度。這主要是天氣晴朗且上空有暖空氣通過所引起的焚風。

日本觀測到的異常高溫大多與焚風有關。焚風到底是什麼呢？

焚風是指空氣穿越高山後的升溫現象。舉例來說，風在山的迎風側是20度，穿越高山後溫度上升到26度。為什麼會發生這種現象呢？

因為空氣隨著上升氣流抬升，每上升100公尺溫度會下降約0.6度；同樣地，當空氣隨著下降氣流下降時，每下降100公尺會上升約0.6度。0.6度並非固定的，實際上也可能出現0.5或0.1度。但重點在於「空氣是否凝結」，這也是雲形成與否的關鍵。

焚風現象

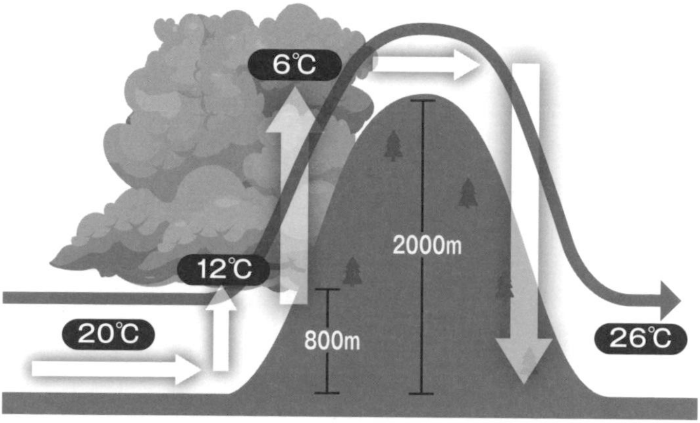

當空氣上升並形成雲時，釋放出的凝結熱會使氣溫下降的速度變緩，每上升100公尺只會下降約0.5度；但如果是無雲時，則會下降1.0度。

假設地面溫度是20度，空氣在800公尺處凝結，穿越2000公尺的高山後，想想看會發生什麼事情。

在800公尺以前，空氣每上升100公尺氣溫會下降1.0度，所以800公尺處是20減8，等於12度。在剩下的1200公尺中，因凝結出水的緣故空氣每上升100公尺則會下降0.5度，12減0.5×12，2000公尺處的氣溫為6度。

乾燥的焚風

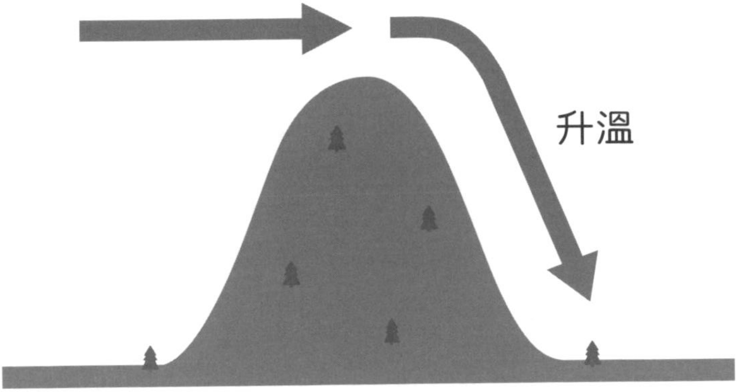

空氣穿越高山後，雲隨著下降氣流消失了，但空氣在無雲狀態下下降，每下降100公尺會上升1.0度，共下降2000公尺，於是當空氣到達地面時就是6+(1.0×20)，26度。

這就是20度的空氣在越過高山後變成26度的原因。

從風向來看，2019年5月26日在佐呂間、帶廣附近西風很強勁，且由高山往下吹。嚴格來說，這是一種不會在迎風側產生雲的「乾燥焚風」類型。

33 什麼是聖嬰現象與反聖嬰現象？

地球是表面積的七成是大海的水之行星。海洋比陸地更不容易變暖或變熱，較少發生劇烈的溫度變化，因此才讓地球成為充滿多樣生物的星球。當然，海面上有溫暖的地方，也有寒冷的地方，但溫度的變化並不會很劇烈，所以每年的全球的氣候變化都趨於穩定狀態。

當海面的溫度分布改變時，大型高氣壓或低氣壓的分布也會跟著改變，導致全球氣候的變遷，出現「異常氣候」。具代表性的是聖嬰現象與反聖嬰現象。

聖嬰現象（El Niño）是指南美洲祕魯沿海的海水溫度高於常年的現象，在西班牙文中有「少年」的意思。另一方面，反聖嬰現象（La Niña）是該區域的

聖嬰現象與反聖嬰現象

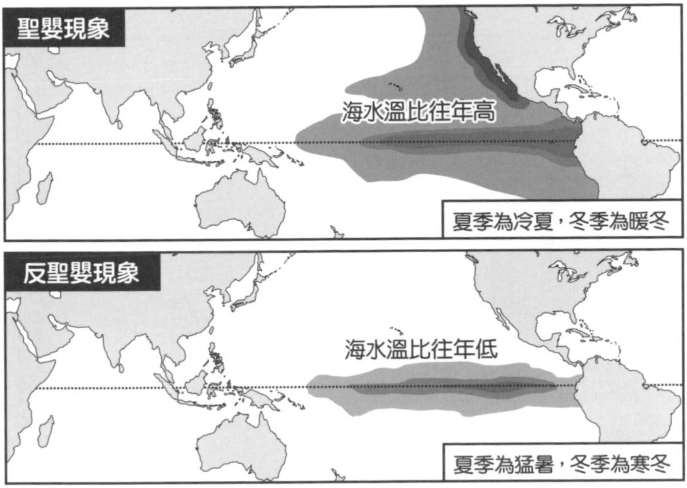
聖嬰現象
海水溫比往年高
夏季為冷夏，冬季為暖冬
反聖嬰現象
海水溫比往年低
夏季為猛暑，冬季為寒冬

海水溫度低於常年的現象。西班牙文的意思是「少女」。

從細部來看，雖然每次的現象各有差異，但大方向而言，當發生聖嬰現象時，夏天往往是冷夏，冬天則是暖冬。反聖嬰現象發生時，夏天則是猛暑，冬天是寒冬。日本在2018年出現大寒冬、2010年及2007年的夏季非常炎熱，都是反聖嬰現象造成的；而2019年的暖冬、2009年的冷夏則是聖嬰現象。

東京最高溫低於零度的天數統計

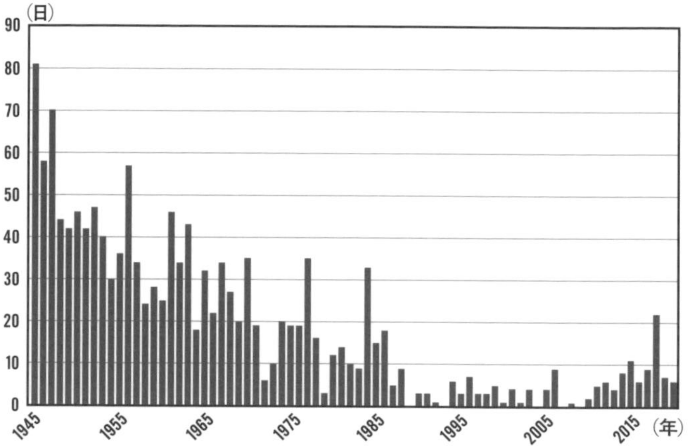

34 全球暖化

2018年的冬季是破紀錄的大寒冬。東京不僅觀測到睽違48年的負4.0度氣溫，更下了全國性的大雪。在這種情況下，人們紛紛懷疑全球暖化是否真的惡化了。

讓我們從更長遠的角度來看吧。比如明治時代，你覺得全年東京有幾天的最低溫是在零度以下？答案是60～70天，最多甚至超過100天。但平成時

溫室氣體與全球暖化

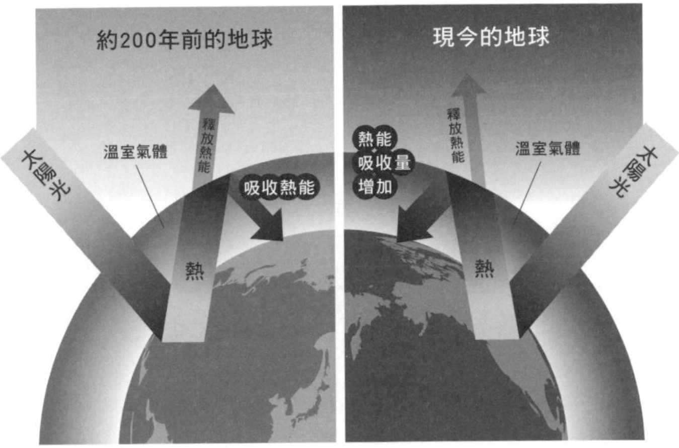

代卻只有幾天而已，最少的時候則是0天。不過，光憑這點應該還是很難想像全球暖化的嚴重性吧。

全球暖化的原因眾說紛紜，有人認為是太陽活動加劇造成的，但其實太陽活動比從前還低迷，不太可能是這個原因。

另一方面，二氧化碳的濃度確實是在增加中，目前大多認為全球暖化是由二氧化碳和甲烷等「溫室氣體」引起的。溫室氣體具有阻擋大氣中的熱能散逸至外太空的特性。地球正處於被毛毯蓋住的狀態，這樣想像應該更好理解。

人類活動是否真的會造成二氧化碳的濃度增加？關於這點目前仍有疑慮，但工業革命和人口暴漲的時期，與氣溫升高的時期是重疊的。為了地球的將來著想而使用節能環保產品是好事，但也有一些打著環保旗號的「多層次傳銷」存在，因此，我們必須明智地做出選擇好好地善待地球環境。

全球暖化加劇導致空氣中的水蒸氣含量增加，提高了豪雨的發生率。此外，海水溫度上升也可能加速颱風的發展。有些區域甚至深陷因南北極的冰川融解導致海平面上升而淹沒的危機。

此外，全球暖化也影響著生物的分布情形。比方說，大約30年前的東京，夏天經常會聽見唧——唧哩唧哩唧哩唧哩……的日本油蟬叫聲，但幾乎聽不到沙沙沙沙沙……的熊蟬叫聲；因為熊蟬主要分布在西日本地區。但大約從10年前開始，東京也漸漸能聽見熊蟬的叫聲了。

喜歡生物的我在2021年的夏天首次成功拍下熊蟬的照片。從這個例子可以清楚瞭解——棲息於西日本的生物真的正在往東日本和北日本擴散。

那夏天的溫度有發生變化嗎？昭和時期的日本家庭大多沒有冷氣，當然也沒有電車和公車，想像一下現在的通勤時段還真是可怕。

到了昭和末期，運氣好時能搭到冷氣車廂；冷氣在平成時代儼然成了與下水道、瓦斯同等重要的生活必需品。如今，有些老年人會因為忍著不開冷氣而中暑，新聞或氣象報導經常呼籲民眾要適時開冷氣。

「明明以前沒有冷氣也過得下去，但夏天似乎一年比一年熱？」事實又是如何呢？

根據氣象廳的資料顯示（觀測地點有些有異動）明治時期的東京全年最高溫是

東京的熊蟬

筆者攝影

33～34度，超過35度的「猛暑日」很少出現；平成時代的平均溫度則為36～37度。

即使只差3度感受還是差很多的，酷暑時，相差一度的體感溫度就是天壤之別。31度時大量流汗，34度則汗流不止，搧扇子不僅不會變涼，反而會帶來更多的熱氣。

一起來看看日本的最高溫吧。1933年7月25日，山形市創下40.8度的紀錄，這是先前介紹過的焚風現象所導致的。這項紀錄保持了74年。

2007年8月16日，岐阜縣多治見市和埼玉縣熊谷市出現了破紀錄的40.9度。自此開始，2013年8月12日高知縣江川崎41.0度，2018年7月23日熊谷市41.1度，2020年8月17日濱松市41.1度（並列第一），紀錄更新的速度愈來愈快了。

陰影或眼睛高度處是氣溫的測量位置。這表示，日照或地面附近的溫度會比測量到的高出許多。盛夏時的柏油路或汽車表面，就像爐子上的平底鍋那麼燙。

35 傳說中的1984年冬季

在2014年，東京連續出現兩次27公分高的積雪。因為是近幾年的事，很多人應該還有印象，但過去的積雪量更驚人。

比如1984年日本迎來破紀錄的大寒冬，當年除了日本海側之外，連太平洋側也降下大雪。整個冬天，東京的降雪天數是29天，總積雪量高達92公分，這是1980～2020年中積雪量最高的紀錄。2014年，關東甲信地區降下大雪，整個冬季的東京總積雪量也才49公分。即便經歷過2014年的冬季，1984年的冬天仍可說是個令人難以相信的「傳說」。

東京的總積雪深度

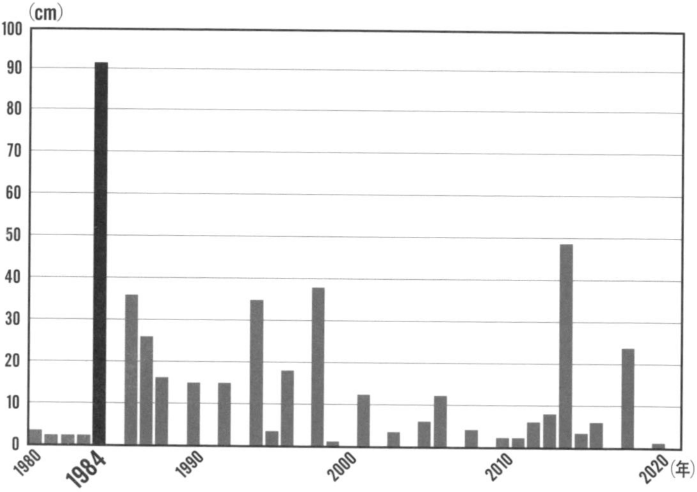

據信火山噴發是造成1984年大寒冬的原因之一。同年，墨西哥南部的埃爾奇瓊火山大噴發，火山灰直衝1萬6千公尺的高空，阻擋了陽光，導致全球持續降溫。

不過，還有更嚴重的火山噴發規模。1883年印尼的喀拉喀托火山噴發，溶岩從火山口噴湧至5萬3千公尺的高空，並引發海嘯，造成2萬6千人死亡。全球13%的區域都聽到火山噴發的聲響。不只如此，西元前聖托里尼火山噴發，嚴重程度是喀拉喀托火山的五倍，令人震驚……。現在光是想像如此大規模的火山噴發活動，就令人恐懼不已。

除此之外，地球上還有多座一但噴發的話將導致南北半球無法居住的火山；就像熊本縣的阿蘇山如果噴發的話就十分危險。

順帶一提，當我們說：「不久的將來有可能發生大規模噴發」時，所謂的「不久的將來」是指，從現在開始到10萬年或100萬年之間的事。所以，不要隨著刺激性的訊息起舞、適時保持警惕是很重要的。

每當談起火山話題時，我總會想到「人類社會是多麼的渺小啊！」因為即使在人類社會中出現了「嚴重錯誤」，一百年後恐怕已不會有人記得了。

白堊紀末期恐龍滅絕這件事，可信度較高的說法也是粉塵遮擋住陽光所致。研究認為粉塵並非來自火山爆發，而是巨大隕石撞擊後的產物。

36 龍捲風與下爆流

龍捲風是日本的罕見氣象現象，大多數人一輩子都遇不到一次；但龍捲風的破壞力很強，只要一次就能帶來非常嚴重的災害；從1990年茂原龍捲風的災情照片就能知道了，看起來就像遭到空襲一樣。

龍捲風的強度以F（藤田級數）表示，日本不曾出現過F4以上的級數。1990年12月11日，茂原龍捲風在千葉縣的茂原市一帶造成大規模的災害，但其級數只有F3。美國則經常出現FA、F5等級的龍捲風。

在日本，說到可怕的天災最先聯想到的通常是地震，但對大部分的美國人而言則是龍捲風。美國甚至有龍捲風險及避難用的地下避難所，由此可知美國人是多麼懼怕龍捲風啊！恐怖的龍捲風是如何形成的呢？

藤田級數

F0	風速17～32m/s（約15秒的平均）	煙囪斷裂。小樹斷裂。道路標示歪斜。淺根樹傾倒。
F1	風速33～49m/s（約10秒的平均）	屋頂掀起，玻璃破裂。車輛移動。
F2	風速50～69m/s（約7秒的平均）	房屋的牆壁被吹飛，車輛翻倒。大樹被扭斷。電線脫落。
F3	風速70～92m/s（約5秒的平均）	房屋倒塌。鋼筋建築瓦解。非住家房屋粉碎飛散。車輛被吹飛。
F4	風速93～116m/s（約4秒的平均）	房屋碎裂。電車被吹飛。一噸以上的重物降落。發生難以置信的事。
F5	風速117～142m/s（約3秒的平均）	建築物完全消失，只剩地基。電車或汽車在空中到處亂飛。

龍捲風會跟積雨雲一起出現，但「塵捲風」則不會，且風速通常比龍捲風小很多。大家應該都在運動場、寺廟等開放性的場所看過塵捲風吧？

關於龍捲風的成因，普遍認為有好幾種。其中一種是：因某個不明原因，使高空中的積雨雲內部出現一個空氣較為稀薄的區域，為了填補這個區域，便將地面上的空氣吸入空中，形成渦旋狀的高速氣流，進而成為龍捲風；就像有個巨大的吸塵器從上方靠近一樣。

此外，當地面附近有風旋（中尺度氣

旋）並與上升氣流重疊時，風旋會隨著上升氣流被帶往高空。風旋的旋轉幅度會愈往高空愈小，但旋轉的風速卻會增加，最終形成龍捲風。就像花式滑冰選手在旋轉時將手臂收攏，旋轉速度就會變快的原理是一樣的。特殊的都卜勒雷達可以檢測這種中尺度氣旋，並用於龍捲風的預警。

龍捲風也會伴隨積雨雲，應注意容易產生積雨雲的天氣條件，如颱風、強勁低氣壓、冷鋒、夏季雷雨、日本海側降雪等。颱風接近時，要特別注意颱風東北象限（右上區域）的迷你超級細胞型積雨雲，可能同時產生龍捲風。

預估龍捲風即將發生前一小時，氣象廳會發布龍捲風警報，即使已經發布警報了，但實際發生龍捲風的機率只有7～14％。由此可以想像龍捲風的預報有多麼困難了吧？

先前有提到，當颱風接近日本時伴隨出現龍捲風的機會就比較高，因此9月是龍捲風的好發期。龍捲風大多出現在與地面摩擦較小的沿岸、海上或平原，內陸則很少見。但令人意外的是，以平原為主的大阪卻很少出現龍捲

在颱風的東北位置容易形成龍捲風

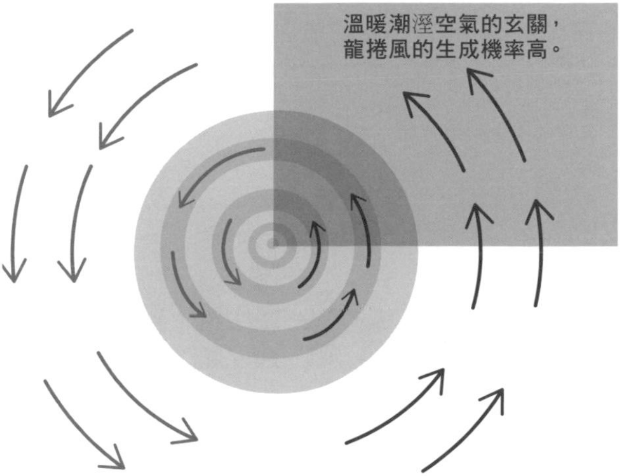

風，大概是因為從日本列島的整體地形來看，大阪位在深處。

日本全年的龍捲風平均數為17個（1991～2006），美國則約有1300個（2004～2006）。以單位面積換算的話，日本的龍捲風數量約是美國的三分之一。美國有許多廣闊的平原，地面起伏所產生的摩擦較小，因此有大量的強烈龍捲風。

防範龍捲風等災害的重點在於當積雨雲靠近時，應儘速前往牢固的建築物中避難。如果龍捲風靠近建

各月份出現龍捲風的數量統計（1991～2017年）

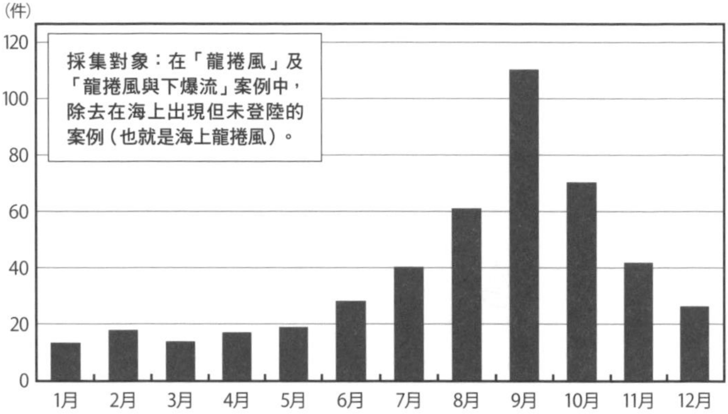

根據氣象廳官網 龍捲風等陣風資料庫製作
https://www.data.jma.go.jp/obd/stats/data/bosai/tornado/stats/monthly.html

築物，那就需要遠離玻璃窗，跟地震時躲在桌子底下是一樣的。

陣風引發的災害與龍捲風相似。上一頁在提到龍捲風警報時，以「龍捲風等」的說法來敘述是因為除了龍捲風外，龍捲風的警報項目還包刮陣風。

伴隨積雨雲的局部破壞性陣風稱為「下爆流」。水平影響範圍在4公里以上的稱為巨暴流，4公里以下則稱作微暴流。

下爆流正如其名，是空氣從積雨雲中急速下降的現象。當空氣向下猛力

龍捲風分布圖（1969～2019年）

根據氣象廳官網 陣風分布圖資料製作
https://www.data.jma.go.jp/obd/stats/data/bosai/tornado/stats/bunpu/bunpuzu.html

撞擊地面、四處擴散時，就是所謂的陣風，會因此而造成災情。陣風的風速可能超過每秒50公尺，相當於強烈颱風的風速。

為什麼積雨雲中的空氣會急速下降呢？因為積雨雲的內部出現了非常冷的空氣團。積雨雲中的乾燥空氣讓水滴或冰晶的蒸發作用非常旺盛，周圍有大量的熱能被吸收（汽化熱），導致空氣團（沉重的）變得非常冰冷。暖空氣通常會比

近年來的龍捲風事件

茨城縣常總市 ～ 筑波市	2012年5月6日，伴隨強烈的積雨雲。約1,250棟建築物損壞。栃木縣約8,600棟建築損壞。有國中生死亡。藤田級數F3。
北海道 佐呂間町	2006年11月7日，冷鋒通過，出現在很少發生龍捲風的北海道鄂霍次克海側，F3級，死者9名。
千葉縣茂原市	1990年12月11日，強勁低氣壓引發雷雨。災情嚴重，重達10噸的貨車翻覆。級數F3。

較輕，冷空氣則因密度增加而變重了。這就是冷空氣會急速下降的原因。

下爆流碰撞地面後散開的前端，稱作陣風鋒面（Gust front），gust是陣風的意思。你不覺得很像前面的某個現象嗎？沒錯，就是冷鋒，冷空氣不斷往暖空氣推進。

陣風鋒面就像是冷鋒，反覆生成的上升氣流是形成積雨雲的觸發器。

遇過龍捲風的人表示，龍捲風靠近時會聽到很像吸塵器的聲響。但下爆流則不會發出聲音。還有人表示當他覺得很安靜時，往外一看發現周圍的建築物都被夷為平地了。

下爆流示意圖

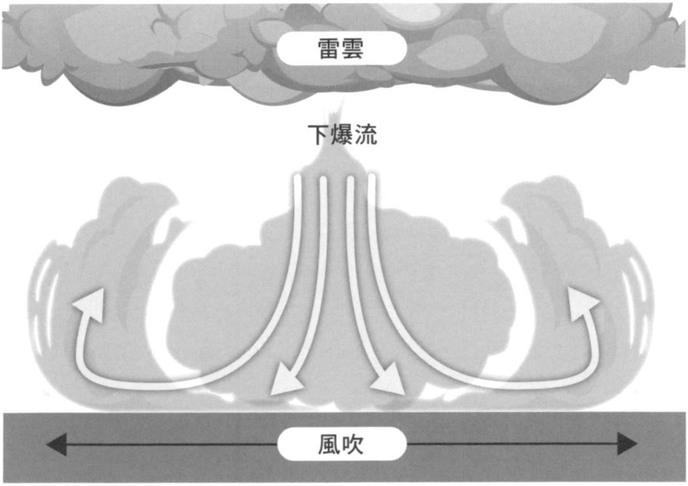

陣風鋒面示意圖

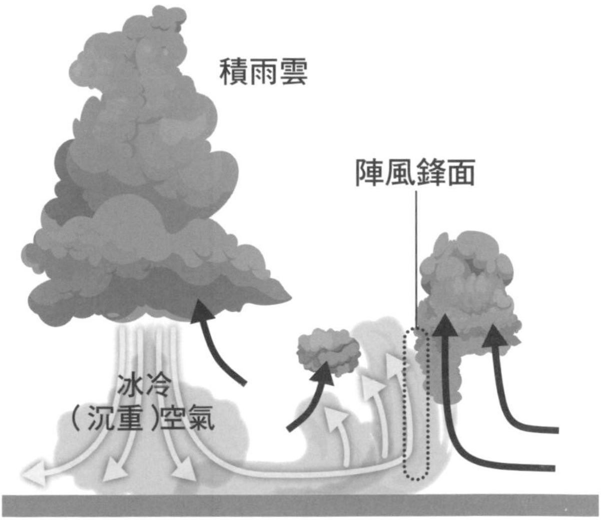

37 地名與氣象

2014年8月20日，廣島市安佐南區發生大規模的土石流災情，釀成77人死亡的慘劇。災情最嚴重的地區舊地名是「八木蛇落地惡谷」，這在日本媒體中引起很大的迴響。以前的人為災害地命名時，會使用非常恐怖的名稱以此來示警，防止他人進入危險地區。

然而，近年來由於人口增加及經濟至上的影響下，許多地方以土地賣不出去、人們不敢靠近為由，將舊地名改成與歷史毫無關聯的新名稱。

近年來，日本雖然有著少子化的問題，但對整個地球來說，人口爆炸的情況反而更嚴峻了。也許少子化及人口銳減正是近代人口激增所造成的後遺症。

今日聊天話題

天氣題外話④

日語在天氣詞語上的豐富性

對非母語者來說，有人認為日文是世上最難學的語言。原因之一在於日文有著豐富的詞彙量。英文的第一人稱只有I一種，但日文卻有：私、僕、俺、あたし、わし、おいら、おら、わい、拙者、自分、吾輩、うち……近乎無限多種的表現方式，每種說法都有些微的差異。

而關於描述氣象現象的詞彙也同樣豐富。太宰治的《津輕》出現了粉雪、粒雪、綿雪、水雪、硬雪、粗雪、冰雪等七種雪。雨同樣有非常多種華麗、深奧的說法，像是：霧雨、子糠雨（毛毛細雨）、小雨、篠突く雨（細竹般的傾盆大雨）、冰雨、催花雨、牛脊雨、錦雨、櫻雨、愉英雨……。風、晴天、陰天也是如此。

氣象預報士兼天氣主播的森田正光將演員石原裕次郎的忌日（7月17日）的降雨稱作「裕次郎雨」。他打算推廣這個說法，但似乎還不足以成為固定稱呼。假如可以對自然現象自由命名，大家會幫雨、風、雪取什麼名字呢？這樣的稱呼說不定會在社群中傳開，成為通用的說法喔！

第 5 章

關於氣象預報

38 天氣預報的類型

天氣預報可以分為幾種類型，這取決於預報期間的長短（預報期）。

預測最近3小時的是「即期預報」，未來3～48小時的是「短期預報」。平時我們聽到天氣預報後，所聯想到的應該是短期預報。

更久以後，48小時以上到7天的是「中期預報」，電視或網路上常見的一週天氣預報就是中期預報。

更遠的是超過8天的「長期預報」。「本月氣溫高低」、「下個月降雨多寡」等「季節預報」就屬於長期預報。

39 氣象衛星、雷達、AMeDAS

1959年颱風薇拉造成嚴重的災情，日本出現「有氣象衛星就能減少災情」的於輿論聲浪。在此之前日本都是向美國購買預報用的氣象圖。日本國內呼籲必須開發自有氣象衛星的聲音愈來愈大，於是在1977年發射了靜止氣象衛星「向日葵1號」。

靜止氣象衛星在赤道上空繞行地球，方向與地球的自轉方向相同，從地面上來看就像是靜止在赤道上方。靜止氣象衛星可以隨時針對同一區域，以可見光或紅外線感測器持續進行氣象觀測。

繼向日葵1號後陸續發射了向日葵2號、向日葵3號，2015年7月7日開始由「向日葵8號」負責觀測。向日葵8號每10分鐘觀測一次全球，每

第I部
第II部
第4章
第5章
第III部

2.5分鐘觀測一次日本區域，及追蹤颱風等的機動觀測。如今我們可以隨時在氣象廳官網上查尋到觀測的影像，現在看起來這是理所當然的事，但在當年，對喜歡氣象的人來說卻是十分感動的，沒想到竟然可以用這麼厲害的技術來觀察天氣。

最常用於預報的是紅外線雲圖，在電視的氣象預報中也常用來解說氣象。紅外線的強度會隨著溫度高低而變化：低溫雲是白色，高溫雲則是黑色的。雲的飄浮位置愈高，雲頂的溫度就愈低。旺盛的積雨雲會呈現閃爍的白色。但問題在於，飄在高空且不降雨的卷雲也是全白色（雖然熟悉之後，可以透過形狀直接判斷出雲的種類）。

「可見光雲圖」是肉眼看得見的可見光所反射的影像。你可以想像成人類從宇宙俯瞰時所看見的景象。會降雨且發展旺盛的雲層很厚，會強烈反射太陽光並映出白色，這在視覺上很容易辨識。但可見光雲圖有個弱點是晚上會一片漆黑，影像呈現全黑色，無法使用。

除此之外，還有表示對流層中層到上層水蒸氣量的「水蒸氣圖」，以及有助於發現積雨雲的「雲頂強調圖」。

還有一款因應颱風薇拉而引進的氣象神器——氣象雷達。氣象廳為了回應民眾提高預報準確度的要求，在1965年架設於富士山的氣象觀測雷達。

氣象雷達是透過天線發射電波的裝置。電波會被雨、雪等降水粒子反射，並由雷達接收。氣象廳以特殊公式將反射強度換算為降水強度，以不同的顏色來表示各種降水強度，因此能一眼看出降雨的分布情形。沒錯，這就是電視或網路氣象預報中色彩繽紛的雨雲分布圖。

繼富士山氣象雷達後，日本各地也開始增設氣象觀測雷達。先後架設了長崎雷達、靜岡雷達等，這讓富士山雷達站的觀測失去了必要性，最終於1999年停止運營。2004年因自動觀測裝置的設置，讓人工觀測也成了歷史，現在的富士山觀測所已是無人所在的設施了。

隨著雷達技術的日益進步，2005年後的氣象雷達改為都卜勒雷達；

是種運用都卜勒效應對降水粒子進行觀測的雷達，還能確定風向和風速。

都卜勒雷達可以及早發現「超級細胞」等高危險性的雲層。超級細胞是內部有低氣壓漩渦的積雨雲，常引發令人畏懼的大冰雹、龍捲風、陣風等現象。偵測到積雨雲正在變成超級細胞，就可以發布「龍捲風警報」。

除此之外，日本全國大約有1千3百處（間隔約17公里）裝設了AMeDAS（Automated Meteorological Data Acquisition System）自動觀測系統，來觀測降雨量。其中約有840處（間隔約21公里）還能自動觀測風向、風速、氣溫及日照時間。在約320個降雪多的地方還能針對積雪深度進行觀測。

AMeDAS的外觀很普通，類似學校的「百葉箱」。因為外觀很「生活化」不易察覺，說不定每天都經過也還不知道。但在預防及減輕氣象災害方面，AMeDAS的觀測數據非常重要，因此，如果對儀器惡作劇將被處以懲罰包括監禁。

日本從1974年11月1日開始使用AMeDAS，所累積的數據可在氣象廳官網上查尋到。真是個美好的時代！任何人都能輕鬆地研究氣象數據。

但在降雪少的太平洋側，觀測到的資料就很分散。雖然有東京都中心（大手町）的積雪深度資料，但奧多摩、八王子的數據卻是由地方政府所提供的，而非AMeDAS測得的。在網路發達的時代，也能透過社群媒體、郵寄清單來搜集數據。

順帶一提，如果將1毫米（㎜）的降雨換算成降雪，積雪深度約是1～5公分。每小時降雪量超過3毫米的天氣狀況就是所謂的──強雪。所以當看到「氣溫低於零度、沒有下雪、時雨量達20毫米」的觀測值時，偶爾會覺得有些無奈，要是下雪的話，應該就能改寫下雪紀錄了。

日本全國約有60個氣象觀測站，除了觀測這些氣象條件之外，還會以肉眼觀測天氣、能見度（大氣的可見程度）及雲層狀態。

另外，上空和高層的天氣狀況是透過「無線電探空儀」來觀測的。無線電探空儀是種掛在氣球上的儀器，能藉由無線電發射器傳送氣壓、溼度等資訊。氣球在每天上午9點及晚上9點發射，聽說發射氣球相當地困難，不熟悉的話還會弄破氣球。

無線電探空儀的觀測範圍可達30公里以上，觀測完成後氣球會破裂並打開降落傘降落。為了防止事故發生，觀測地點通常選在沿海地區，且儀器大多會落在海上。氣象愛好者之間流傳著一個都市傳說，據說撿到落下的無線電探空儀就會得到幸福。

16家氣象站、Syowa基地（南極），以及其他的海洋氣象觀測船，也會用無線電探空儀來觀測高層氣象。

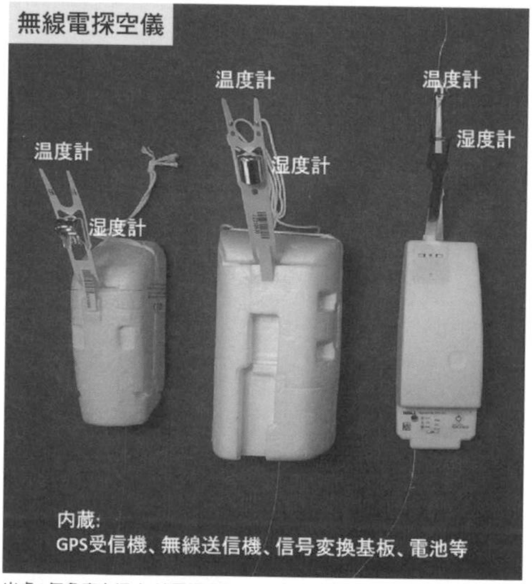

出處：氣象廳官網 無線電探空儀之高層氣象觀測
https://www.jma.go.jp/jma/kishou/know/upper/kaisetsu.html

40 注意提醒與警報

在日本的天氣預報中經常可以聽到「注意」或「警報」之類的用語，這是什麼意思呢？

簡單來說，「注意」是指需小心（警戒等級2），「警報」則代表需要特別警戒（警戒等級3），「特別警報」則是注意生命安全（警戒等級5）。

以東京為例，12小時積雪量可能超過5公分是「注意」；12小時積雪量超過10公分是「警報」。而新潟縣上越市的山岳地帶，12小時積雪量超過30公分則是「注意」，12小時積雪量超過55公分是「警報」。

很少下雪的東京卻積雪10公分，跟大雪地帶積雪10公分的情況相差甚遠，所以，不同地區的「注意」和「警報」的標準落差很大。

警報或特別警報發布後，民眾可透過電視、收音機等媒體，或是都道府縣的公家單位、警察、消防局等管道得知消息。

此外，不同地區的「提醒」和「警報」各不相同。冬季，在太平洋側經常會連續發佈乾燥提醒，而日本海側則常發佈打雷或大雪提醒。沖繩還沒遇過大雪提醒，可說是種不存在的提醒。

那麼，東京不存在哪種提醒和警報呢？可能有人會認為是雪崩提醒，但其實下大雪時，多摩西部偶爾會發佈雪崩提醒。那東京會下暴風雪嗎？事實上，東京曾在2014年2月8日發佈過暴風雪警報。

正確答案是融雪提醒。雪溶解後可能會引發洪水等災害，但到目前為止東京連一次都沒遇過。

Q54 「偶爾」與「短暫」的差別

「多雲偶雨」和「多雲短暫陣雨」有什麼不同？總覺得「多雲偶雨」的說法好像雨量會比較多，但要分出兩者間的差異又覺得有點困難。

「偶爾」的定義是指某種現象斷斷續續地出現，出現的總時間少於預期的二分之一。「短暫」則表示持續出現的時間少於預期的四分之一。也就是說，區分的重點是在於是「斷續性」或「持續性」，以及出現的時間長度。

順帶一提，降雨強度並非判斷的重點，夏天的激烈雷雨幾乎都歸類為「短暫陣雨」。

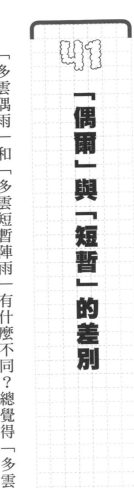

天氣預報中的「短暫」與「偶爾」範例

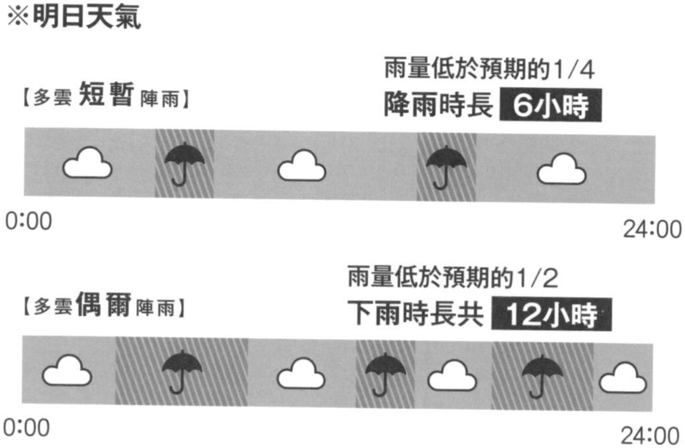

42 「降雨或降雪」與「降雪或降雨」的差別

常看天氣預報的人應該有聽過「降雨或降雪」和「降雪或降雨」的說法吧？降雨、降雨或降雪、降雪或降雨、降雪，這幾種說法有什麼不同？

可能出現雨或雪，但降雨機率更高時會以「降雨或降雪」來表示；若降雪的機率更高一些，則用「降雪或降雨」。

在初春和晚秋時節因為氣溫正處於可能下雨或下雪的微妙狀態，所以常聽到「降雨或降雪」和「降雪或降雨」的說法；尤其是太平洋側地區像是東京等城市，下雪時的氣溫經常處於這種微妙的邊界，所以會有這樣的說法。

當天氣預報出現「降雨或降雪」或是「降雪或降雨」時，如果你正好搭乘中央線電車從都市前往山區，那也許有機會經歷有趣的天氣現象——東京總公司正下著雨，但抵達奧多摩的分公司後卻發現同事們正忙著剷雪。

43

「局部」是指哪裡？

「局部降雨」也是惡名昭彰的表達方式，很難知道到底會不會下雨。我們這裏會下雨嗎？還是不會？我想會提出這樣的問題很正常的。

所謂的「局部降雨」是指：在觀測區中，降雨的範圍少於50％，難以確定具體範圍。當降雨範圍是確定時，會採取「23區東部降雨」或「三宅島降雨打雷」這類的說法。

氣象廳在預報中說到「局部降雨」時，其降雨機率一般都在50％以下。但要注意的是，降雨機率低並不代表降雨強度弱。即使是夏季大雷雨，也大多都以「局部降雨打雷」來表示。

「你們這邊是晴天啊。我家這裡卻下起冰雹，超慘的……。一想到要修玻璃就頭好痛。」說不定有機會跟客戶以這樣的方式展開對話。

44 天氣預報的歷史

應該有很多人在Google搜尋框中輸入「天」之後，最先跳出的候選詞是「天氣」或「天氣預報」吧？對現代人來說，查看天氣預報已是生活中的一部分了。那麼，天氣預報是從什麼時候開始的，又是怎麼發展的？

世界第一張天氣圖是由德國人製作出來的，1820年由布蘭德斯成功做出地面氣壓分布圖（天氣圖的原型）。這是很好的天氣預報的工具，但布蘭德斯做的卻是1783年的圖。37年前的東西實在沒辦法拿來當作天氣預報。

由國家來負責製作天氣圖的契機始於19世紀中葉。1854年11月14日，法國艦隊因遭遇暴風雨而全毀，皇帝拿破崙三世認為要是能事先知道暴風雨來襲，就可以避免艦隊全滅了。於是讓陸軍大臣委託巴黎天文台長勒威耶來協助研究。勒威耶最為人所熟知的成就就是注意到天王星的運行軌道不太對勁，因而發現了海王星。

勒威耶收到委託後便向歐洲各地的同行寫信，信中寫道：「請告知我，你所在地區11月12～16日5天的天氣狀態。同時請告訴我關於風力、氣壓、溼度的數值。」

勒威耶收到了250封回信，整理相關的訊息後發現了暴風雨的徵兆。勒威耶發覺天氣正在變動，於是便開始調查歐洲各地的風向和氣溫變化，在1856年成功製作出天氣圖。甚至還透過天氣圖看出暴風雨是因為低氣壓從西班牙附近通過地中海前往黑海所引起的。

人們慢慢意識到天氣的變化足以影響到國運，於是製作天氣圖的工作便正式成為國家事業。天氣圖來到日本的時間是1883年，外國科學家教導日本人觀測氣象的方法，日本的天氣圖歷史就此展開。

日本在各地建立觀測站，1884年6月1日，東京氣象台（氣象廳前身）發布第一次天氣預報。預報內容非常簡略：「全國風向不穩，天氣易變，不易降雨」。想當然耳，當時的預報準確率非常低。

到了20世紀初，氣象廳以西風的運動和氣流運動為基礎，通過計算製作出天氣圖，「數值預報」就此誕生。提倡這個方法的是英國的理察森，他嘗試以計算的方式來製作天氣圖。要做出能用於天氣預報的天氣圖，光是計算就必須動用6萬4千人，有點不切實際。

電腦誕生了。電腦讓人得以擺脫地獄般的計算，作業時間如指數般的快速縮短，美國人在1949年用電腦製作出天氣圖。

1955年美國氣象局引進超級電腦（IBM 704），將數值預報實用化。四年後，日本氣象廳也引進IBM 704，繼美國之後實現數值預報。從氣象廳引進第一代大型電子計算機超級電腦開始，目前仍使用超級電腦，但已經是第九代了。

在數值預報興起前，天氣預報還是以觀測紀錄為基礎，十分仰賴過去所累積的方法和經驗，因此，預報員對預報內容的影響非常大。這也衍生出一些問題，如每個預報員的準確率都不一樣，在成為獨當一面的預報官前，得花很多年的時間練習判讀天氣圖。據說，從前的人在進入氣象廳前都被要求要繪製完3千張天氣圖。

數值預報的出現不僅減少了預報員在分析上的負擔，還提高了準確度，更讓預報的範圍擴大了。70年代後期，成熟的數值預報讓原本深深依賴預報員直覺和經驗的預報模式，逐漸被電腦所取代。

電腦的性能不斷進步，觀測數據的精準度也越來越高，讓氣象預報的準確度也日益提升。1990年以來，氣象廳所發表的天氣預報準確率（降雨與否）一直都維持在80％以上。

不過，針對這種以「是否降雨」來判斷預報正確性的方法，有點需要補充：預報是晴天但實際是陰天，預報是雨天但實際是下雪，這兩種情況都被歸類為預報正確。所以，對民眾來說可能會有點難以接受吧。

45 觀天望氣

早在天氣圖和氣象廳出現的更久以前，日本就流傳著許多「觀天望氣」的天氣諺語，被各地民眾當作是一種天氣預報。以下舉幾個知名的天氣諺語：

- 麻雀銜水，天空放晴
- 美麗夕陽，隔日晴朗
- 春吹東風雨咚咚

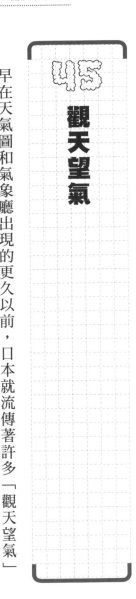

・星光閃爍將下雨
・日月朦朧，天氣不佳
・燕子低飛將下雨
・螳螂高處產卵之年將下大雪

除此之外，還有更特殊的諺語。

・武士蟻外出掠奪奴隸蟻的夜晚會下雨
・熊毛蟲的背部縱線愈粗，冬季愈冷

武士蟻是種擁有神奇生態的螞蟻。雖然是螞蟻但卻完全不工作，不工作那要做什麼呢？武士蟻會入侵日本山蟻等其他螞蟻的巢穴並掠奪蟻蛹，逼迫破蛹而出的螞蟻築巢、

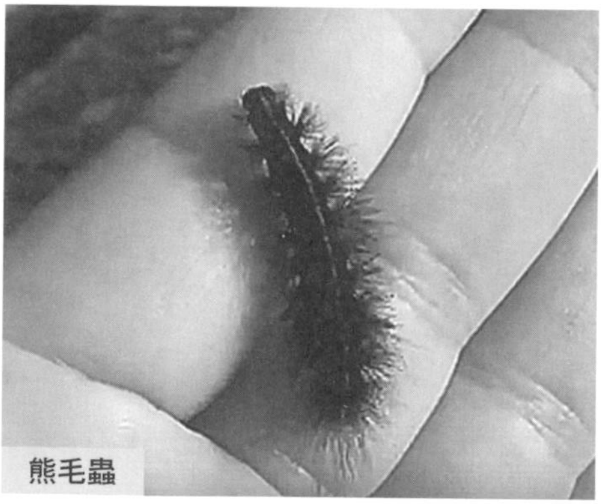
熊毛蟲
筆者攝影

養育幼蟻、收集食物。

熊毛蟲是燈蛾亞科蛾的幼蟲，平時過馬路時很常看到牠們。在毛毛蟲中屬於毛特別多、毛茸茸的類型。熊毛蟲吃蒲公英或車前草等小株雜草，且食慾旺盛，即使是一整株車前草可以吃光光，還好到處都有車前草。一般認為熊毛蟲具有高超的移動能力。

下次看到熊毛蟲時，可以好好觀察背部咖啡色線條的粗度。據說線條愈粗，該年的冬季愈寒冷。紐約自然史博物館的C．浩爾．凱倫針對這個古老諺語進行研究，發現居然比當時的氣象預報還準確。

對昆蟲和野生動物來說，預測天候是件攸關生死的大事。牠們也許天生就擁有預報天氣的能力，就像人類天生就擁有五種感官那樣。

說不定人類也有觀天望氣的能力。比方說，A提早30分鐘進公司，下午就會開始下雨；B的眼鏡上有霧氣可能就會下雪。看似玩笑話，但準確度卻意外地比氣象廳預報的還準。

今日聊天話題

天氣題外話⑤

有哪天的天氣是固定的

「如果聖誕節那天下雪，我們就結婚吧。」雖然這很像是偶像劇裡的浪漫台詞，但在某些都市裡這樣說卻真的會結不了婚。哪些城市會有這樣的風險呢？讓我們看看那些不易下雪的溫暖城市是否會在平安夜和聖誕節下雪：

宮崎：1980年　小雪　(0公分)
高知：1995年　小雪　(0公分)
德島：2011年　雨夾雪　(0公分)
高松：2011年　小雪　(0公分)
松山：2011年　雨夾雪　(0公分)
靜岡：2010年　小雪　(0公分)
鹿兒島：1973年積雪6公分
東京：無

即使是感覺不會下雪的靜岡和宮崎，在24日或25日都有過降雪紀錄；在鹿兒島還曾下過積雪6公分的大雪；只有東京從未有過白色聖誕節。

東京還有過一段很可惜的歷史。1991年12月25日，東京開始下雨，氣溫也不斷下降，隔天轉為雨夾雪。要是能早一天的話，就能體驗到山下達郎先生在 Christmas Eve 歌曲中所描繪的情境了。

話說，日本氣象學中有個「特異日」的詞，專指某種特定氣象狀態（天氣、氣溫、日照時間等）發生的機率很高，若跟前後幾天相比甚至覺得像是特意安排的。

12月的東京不常下雪，到月底機率更低，24日的降雪機率是0%。對東京來說，12月24日、25日說不定將逐漸成為不下雪的特異日。

第 III 部

未來的
氣象與天氣

以多樣化的應對方式，
將累積至今的龐大氣象數據
有效地應用於商務場合。
這裡將講解數據的功用、
可能在未來會常常聽到的新氣象用語，
以及投入氣象相關工作的方法。

第 6 章

氣象與商務

50°F
06:00
Wed
60°/45
09:00
Thu
12:00
15:00
Sat
55°/45
18:00
Sun
50°/40
21:00
Mon
50°/40

46 風吹桶商賺？

天氣變熱可以賣啤酒或冰淇淋，變冷可以賣關東煮，下雨可以賣傘……天氣和商家之間具有因果關係。因此，便利商店或零售商在進貨時都會留意氣溫和天氣狀況。

然而，世界遠比我們想像的還複雜。有句表現世界運作方式的日文諺語是「風が吹けば桶屋が儲かる」（風吹桶商賺）。

首先，風吹引起沙塵飛揚，飄散的沙塵飛進眼睛，造成眼睛痛的人增多。在從前的日本文化中，視障人士仰賴彈奏三味線維生。因沙塵飛揚而出現眼睛痛，進而視力受損的人增加，三味線的需求也就隨之增加了。製作三味線需要貓的鬍鬚，於是大量的貓被抓捕，貓減少使得老鼠變多了。老鼠變多導致木桶常常被咬破。結果購買木桶的人就變多了。

這句諺語所要表達的是：人很難看出事情的因果關係，自然現象也具備相同的特質。

未來當超級電腦或AI的技術更進一步時，或許就能逐漸解開更多事物間的因果關係。

47 在廣告中活用雲量預報

跟氣象有關的業務有哪些？舉例來說，假設我想在九十九里濱以雲量等級3的天空為背景拍攝廣告。但在氣象廳的預報中，不論雲量2或7都只會報導成「晴天」，很難判斷到底哪個時段才是拍攝的好時機。

這時氣象公司的客製化預報服務就可以派上用場了。氣象公司會依照顧客的需求精確提供某個地點的預報資料。

Weather News（ウェザーニューズ）收集了來自全國各地的即時天氣資訊，提供使用者精確的天氣預報。除此之外，您還可以在提供類似服務的氣象公司網站上點選想要了解的資訊，或下載相應的APP，或直接向氣象公司提出要求，便能享受更加詳細的預報服務。

48 便利商店的啤酒進貨量

氣象公司或天氣預報員也能為零售商帶來很大的幫助。比如，明天熱咖啡和冰咖啡哪一種的銷售量會比較高？應該進多少組季節商品？商家為了準確評估進貨量，都會使用氣象公司或天氣預報員的客製化預報服務。

如果預測午後會下陣雨或雷雨，就能鎖定躲雨的客人銷售雨傘。預測會下雪的話，則可以販售融雪劑或鏟子。不同地區，情況也各有不同。

不會腐壞的商品雖然不受影響，但便當、小菜這種當天都得賣完的食物不能進太多，也不能進太少；因此，準確度高的天氣預報會是很重要的判斷依據。明天該吃中華涼麵，還是關東煮？看來，無論社會多麼地進步，似乎還是逃不過大自然的影響。

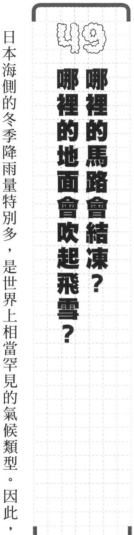

49 哪裡的馬路會結凍？哪裡的地面會吹起飛雪？

日本海側的冬季降雨量特別多，是世界上相當罕見的氣候類型。因此，下雪對該地區的居民來說，是習以為常的事，大家都會在車裡備妥必要的工具，以便不時之需。因此不需要非常靈敏的天氣預報。但在西日本的太平洋側地區，這裡平常是很少下雪的，因此，下雪與否對該地區居民的影響就非常大。同樣是下雪，但所造成的影響卻各有不同。

0. 雪花紛飛
1. 馬路全溼
2. 樹木覆蓋上薄薄的白雪
3. 馬路呈現雪酪狀
4. 馬路上一片雪白
5. 馬路上大量積雪

0到5之間的降雨量差異可能只有1、2毫米，溫度也大約只差1度。

但道路養護人員應該什麼都不做？噴灑融雪劑？進行除雪？還是禁止通行？不同等級的下雪情況，處理方式截然不同。

我也做過降雪預報的工作，要準確拿捏降雪情況是真的很困難。雪雲跟夏天的積雨雲不一樣，在某些地形下是不會出現在雷達上的。

50 專門研究閃電的氣象公司

每間民營氣象公司都有其擅長的領域，例如：我曾訪問過的Franklin Japan。班傑明・富蘭克林是位氣象學家，以在打雷時放風箏這個危險實驗而聞名於世。Franklin Japan是日本唯一一間專門研究閃電的氣象公司，擁有覆蓋全日本的閃電觀測網路。公司成立於1991年，下設預報部、技術部和業務部，有23名職員（截至2015年3日），他們同時兼任多個部門的工作。

印象中我當時很驚訝，原本預期是一間「很瞭解」閃電的公司，沒想到竟然是更具特色的「閃電專業公司」。

應該有很多人會懷疑，真的能單靠閃電來經營一間公司嗎？

但是，害怕打雷的日本人遠比我們想像的還要多。如果煙火大會的會場或高爾夫球場發生雷擊……如果電車被閃電擊中，長時間停駛……。對於相關業者來說，雷擊的確是很嚴重的問題。

不難想像，在高溫、潮溼的夏季頻繁的雷電活動是很平凡的事情；但在日本海側，冬季裡那些被稱為「雪國」的地區居然也經常打雷。這些在冬季裡頻繁出現打雷的情形在世界其他角落還真是很少見。日文中，冬天打雷稱作「一發雷」；因為能量很強，所以相當棘手。

Franklin Japan向高爾夫球場、戶外活動場地、工廠、鐵路公司提供實時的閃電訊息，以保護民眾的生命、財產免於閃電的威脅。Franklin Japan的落雷捕捉率達90％以上，定位誤差在500公尺以內，精確度堪稱世界最高。

公司除了蒐集打雷數據外，還提供落雷分析、落雷證明以及與落雷相關的統計數據。

對建築業者來說，什麼地方會經常打雷是很重要的一項數據。另外，當設備因打雷而損壞時，如果可以提出具體的打雷時間和落雷地點作為證據，對於保險理賠將會很有幫助。打雷預報還能用在學術調查與研究上，是項很了不起的工作。

51 櫻花開花預報

過去，櫻花開花預報是由氣象廳負責的，如今日本氣象協會、Weather

Map、Weathernews等民間企業都有提供詳細花期預報。氣象廳現在已不提供開花預報，只公布「開花宣言」。

Weather Map特地將花期預報做成看板，訪談時他們提到，根據過去50年的數據以各種方法來模擬各種氣溫趨勢，預測櫻花將在哪一天開花。模擬的模式居然有一萬種。Weather Map以數據為基礎推算出櫻花的開花日期。

雖然不是與災害有關的嚴肅預報，但卻有很多人十分期待，所以對於開花預報的準確度要求非常高。

據說開花預報的目標誤差需在２天之內。

然而，凡事都有失敗的時候。２０１３年冬天，一連好幾天的低溫，在進入３月後卻突然暖和起來。櫻花的花苞快速成長，創下觀測史上最早開花的紀錄。

「計算」趕不上氣候變化。電腦運算或統計學不擅長在沒有先例的前提下進行預測。２０１３年的開花預報因此錯估了一週以上。

不管電腦變得多聰明都還是有缺點的，電腦不擅長的部分還是需要以人工的方式來處理，人機合作的必要性勢必會提高。

櫻花遇到冬季的低溫會「解除休眠」狀態，隨著氣溫的升高花芽開始逐漸生長，最終開花。也就是說初冬愈寒冷，春天愈早來臨，開花的時間來的越早。舉例來說，2018年是有紀錄以來櫻花開得最早的一年，因為12月到1月是非常低溫的嚴寒，2～3月則比較溫暖。

原本處於休眠狀態的櫻花會在低溫的侵襲下瞬間清醒，當天氣不夠寒冷時，則會讓櫻花處於「昏睡」狀態。這就是暖冬時櫻花會較晚開的原因。

櫻花的開花順序通常由南往北開，九州等地則反而是由北往南——從福岡開始綻放，最後來到鹿兒島，因為鹿兒島的「解除休眠」時間較晚。

還有一件令人擔憂的事：全球暖化持續惡化，這可能會導致日本的櫻花將不再綻放。全球暖化會造成冬季太過溫暖，讓花芽不再從休眠中甦醒。

但話說回來，也許有人會有這樣的疑惑：「生物明明有個體差異，為什麼還有辦法預報開花的時間呢？」同樣都是人，有些人4點起床沒事，有些人8點起床卻很痛苦。難道……不用考慮個體差異？

其實不需要考慮這個問題。因為櫻花的開花預報其觀測對象是染井吉野櫻（部分地區除外），日本的染井吉野櫻幾乎都是「複製品」。複製品是指以嫁接或扦插法進行「無性生殖」的繁殖體，也就是擁有相同的DNA。因此，只要氣象條件一樣所有的櫻花幾乎都會同時綻放。

但複製品還是有缺點的。基因相同，代表所有植株的「缺陷」完全一樣。假設有個100人群聚的房間，裡面佈滿流感病毒；結果是，有些人會出現症狀，有些人不會。因為每個人的遺傳基因都不一樣，對病毒的抵抗力也各有不同。但對櫻花這樣的複製體來說，對於病毒的抵抗力卻是完全一樣的，一旦出現難以抵抗的流行病時就有可能瞬間全滅。

在現代日語中提到「花」，腦海中浮現的通常都是櫻花；但在奈良時期香氣濃郁的梅花更受人歡迎。《萬葉集》有110首詠梅詩，但與櫻花相關的卻僅有43首。到了平安時期，櫻花的人氣卻忽然大漲。

江戶時期的人們開始流行起賞花活動。八代將軍德川吉宗不僅在淺草和飛鳥山大量種植櫻花，還提供賞花場地、舉辦賞花活動大力推廣櫻花之美。

最能說明日本人對櫻花情有獨鍾的莫過於收錄於《古今和歌集》中、由在原業平所創作的這首和歌：

世の中に　たえて　の　なかりせば　春の心は　のどけからまし

意思是：「若櫻花不曾凋謝，春之心將永遠寧靜、美好。」這首和歌深深傳達了在原業平對櫻花的戀慕。

櫻花的飄落和飛舞也別有風情。喜愛櫻花的日本人將飛舞的櫻花稱作「零櫻」（四散的櫻花）；花瓣落在水面，被風緩緩吹動的模樣稱作「花筏」。

對日本人來說櫻花是很特別的存在，這是理所當然的事；但近年來，賞花活動也愈來愈受來至香港、台灣、中國遊客的歡迎。為了避免賞花這項傳統文化失傳，必須認真思考環境問題才行。

52 如何成為氣象預報士

氣象預報士是指通過氣象預報士考試、並在氣象廳註冊的人。目前（2021年11月1日）共有1萬1084人登記。

氣象預報士的資格認證並非是進入氣象界的必要條件，但還是通過考試比較好。這不僅僅只是代表合格者很喜歡氣象，還證明了他也具備相關的基礎知識。許多人都以為氣象預報士一定具有大學程度的數理能力，但其實考試中出現的公式大多是固定的；只要有效地備考，就算是只有小學生或國中生的程度也是有機會合格的。在2021年的春季考試中，最年輕的合格者只有11歲，最年長的74歲。不過，在專業知識上也會出現相當刁鑽的題型，就算是很喜歡氣象的人也會覺得很難在毫無準備的情況下應考……。

大約4%的合格率聽起來是乎非常難考，但氣象預報士的考試分為一般知識與專業知識、術科兩個科目，考試時間在夏季和冬季，每年舉行兩場。一年內重複報考者可免考之前已經通過的科目，因此，有很多人都會先通過其中的一項，下次再挑戰第二科。

喜歡天氣或氣象的人，尤其是年紀小於11歲或大於74歲的人，要不要勇敢挑戰看看，以打破紀錄為目標吧？

不過，只有少數的氣象預報士實際從事跟氣象預報相關的工作，大部分的人都是從事其他行業的社會人士。聽說還有人邊擔任講師，邊虎視眈眈地尋找進入氣象界的機會呢！

53 如何從事氣象相關工作

除了在氣象廳或氣象公司做預報外，還有很多跟氣象相關的工作。

下一節我們將詳細介紹氣象廳的工作，這裡就先從氣象廳以外的工作說起。氣象公司的應徵方式跟一般的求職活動一樣，都需要參加入職考試。大型企業Weathernews和日本氣象協會每年都會徵才，這兩家公司的特點都是要考「作文」。

此外，還有很多與氣象相關的中小企業會不定期徵才。徵才情況會根據景氣或社會局勢而變化。大學剛畢業時我也參加過面試，但全都失敗了。後來還陸續地參加應徵，可能是時機正好，竟然全都錄取了，我還因此而猶豫該去哪間公司才好呢。

至於許多人憧憬的氣象主播工作，除了應徵媒體業的主播職務之外，還有一種方法是參加一次性招聘。但後者是短期約聘的工作，對希望工作穩定的人來說會比較辛苦。

54 如何進入氣象廳工作

氣象廳的職員是國家公務員，要在氣象廳工作就一定得先通過國家公務員考試。國家公務員採用綜合職考試（碩博士考試、學士程度考試），根據不同領域氣象廳幹部的候補職位將從工學、數理科學・物理・地球科學及化學・生物・藥學中徵選有機會擔任氣象工作的核心人員。

一般職考試（學士程度考試）則以物理、電力・電子・資訊、化學及土木項目來徵才，氣象廳廣納各式人才，除了需要了解氣象相關的專業知識外，還需具備多元、開放的視野，以及靈活應對時代變化的能力。

除此之外，高中畢業前就決定進入氣象廳工作的人，可以參加氣象大學校的考試。氣象大學校的學生能邊領薪水邊讀書，畢業後就可以進入氣象廳工作，這對以氣象廳為目標的人來說是很吸引人的管道。但相對來說，入學的難度很高，必須具備相當於公立大學理科頂尖科系的學力，而且還有年齡限制。

今日聊天話題

天氣題外話⑥

天氣改變了歷史？

西伯利亞高壓所吹起的強烈寒流被稱為「冬將軍」，是世界上最強的高氣壓。內陸區域因輻射冷卻效應而囤積大量的冷空氣，形成強烈高氣壓，有時甚至超過1,080hPa。氣壓很高就是強烈冷氣聚集的證據。

冬將軍的稱呼是怎麼來的呢？這由來與拿破崙有關。拿破崙在法國大革命後稱帝，對破壞封鎖政策的俄羅斯發起遠征，擊敗孱弱的俄軍後於1812年9月攻入莫斯科。

到目前為止都還算順利，可是儘管首都都淪陷了，但法軍還是沒等到俄軍的求和。長期駐留莫斯科讓拿破崙的好運就此用盡。

寒冬將至，在俄羅斯空等的拿破崙終於決意在10月撤退，但這時卻遭受俄軍的頑強反擊。更不幸的是，這一年的西伯利亞高壓比往年都來得早。據說俄羅斯的冬天可是冷到連在天上飛的鳥都會冷死墜落地面的，這樣的酷寒導致拿破崙的慘敗。

這場戰役所帶來的死傷不只是戰爭本身，更多的是俄羅斯的酷寒所造成的。拿破崙因這場敗仗而失去大量的精銳部隊，最終失勢退位。俄羅斯的可怕寒冬因而衍生出「冬將軍」的稱呼。天氣真的改變了歷史。德國希特勒在入侵蘇聯，以及瑞典查理十二世在遠征俄羅斯時，西伯利亞高壓所引起的大寒流都對遠征軍造成嚴重的打擊。

第 7 章

未來流行什麼氣象用語先修班

近年來，當社會上出現引人注目的氣象現象時，特殊的專業用語逐便漸普及開來，成了全新的氣象用語。

２００８年，日本各地發生多次的局部性激烈雷雨，愈來愈多人會以「突襲豪雨」來形容這樣的天氣現象。２０１４年８月，廣島的土石流災害促使氣象用語「線狀降水帶」的普及化，連氣象廳也準備了預報線狀降水帶的播報系統。

線狀降水帶的積雨雲就像林立的建築物，因此稱作Back-Building。積雨雲的壽命約一小時，大多呈線狀排列，接二連三地通過同一地點，為該區域帶來龐大的雨量。

在此，我挑了幾個未來可能會受到社會大眾關注的氣象用語。

JPCZ（日本海極地氣團輻合帶）

在冬季的日本海側，北北西風和西北西風被朝鮮半島北部的長白山脈一分為二後再次相遇，讓積雨雲發展出一條輻合帶——JPCZ。

JPCZ會打雷並降下激烈的大雪。2010年年末至2011年正月的大雪也是JPCZ所引起的。未來如果這種災害變多的話，JPCZ就可能因此變成普遍的詞語。

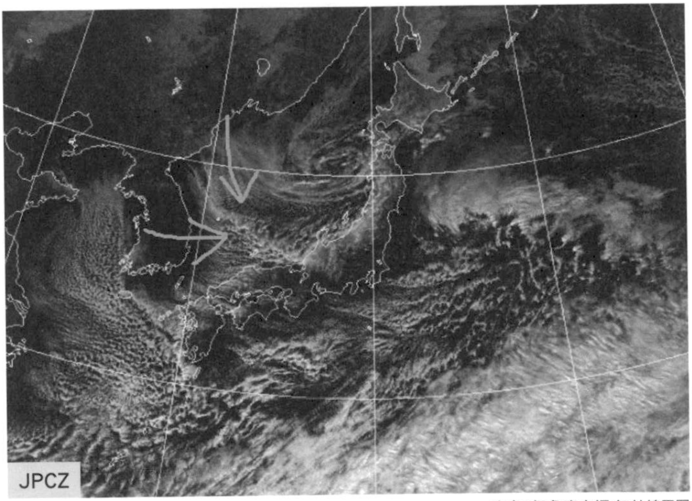

出處：氣象廳官網 紅外線雲圖

極地低壓

在冬季，引起暴風雪的小型低氣壓是極地低壓（Polar Low），又稱冬季的颱風。事實上，它的結構與颱風十分類似，不同於由暖氣團組成的颱風的是它的上空有著更強的極地冷氣團，大氣狀況不穩定是它的一大特徵。

不只是日本海側，就連太平洋側也會突然出現暴風雪，1978年1月3日東京就突然降下22公分深的雪；2000年2月8日，水戶積雪17公分。

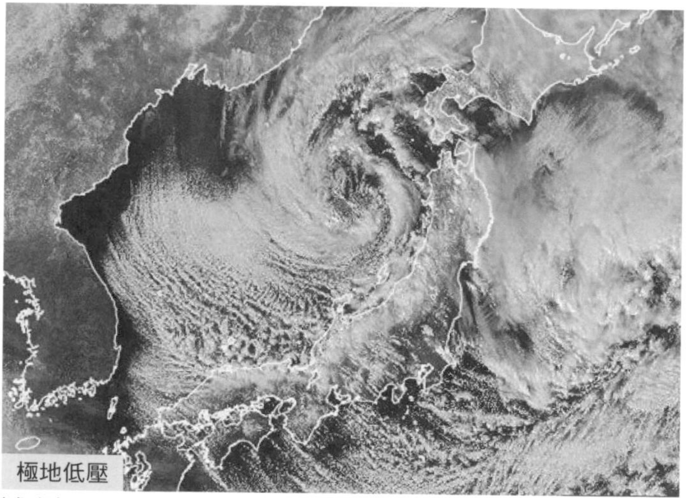

極地低壓

出處：氣象廳官網 氣象衛星向日葵

超級細胞、多胞

如果將積雨雲的對流看作是細胞（cell）的話，有些情況會形成單一細胞，偶爾則會由多個積雨雲聚集（多胞），形成一個積雨雲的結構（類似多細胞生物）。日本所遭遇的極大雨大多是多胞所組成的。

此外，日本還有一種異常發展但卻保持著理想結構的積雨雲（超級細胞），它很少見。在美國的奧克拉荷馬州、密西根州等地，超級細胞以引發強烈龍捲風聞名。

超級細胞會產生非常強烈的雷電、比葡萄還大的大冰雹，引起強烈龍捲風，從各方面來說是非常兇暴的。

偶爾會看到「○月○日，超級細胞造成嚴重雷雨」的新聞，我擔心未來超級細胞還會對日本造成重大災害。

而且，在124頁有提過，颱風路徑上的右側區會出現小規模的超級細胞——

迷你超級細胞，有可能還會產生龍捲風。

突襲豪雪

未來說不定會為了與突襲豪雨做出區別，而開始使用「突襲豪雪」的說法。使用該詞的原因到底是JPCZ或極地低壓，導致在日本海側突然降下豪雪？還是東京的天氣預報是下大雨，結果卻突然降下30公分的積雪呢……？

風切線

將風向或風速（任一方）發生劇烈變化的地方連成一線，稱為風切線（Shear Line）。垂直方向的風切會影響雲層的發展，目前已知大型的垂直風切很容易形成超級細胞型的積雨雲。

風在水平風切上碰撞會產生上升氣流，造成天氣不佳。JPCZ也可以算是一種風切線。

天氣圖中沒有標示的風切線偶爾會引起集中性的豪雨，說不定風切線成為焦點的日子即將到來。

接下來，我還想介紹幾個近期知名度快速攀升的氣象用語。

第I部 第II部 第III部 第6章 第7章

雲簇

積雨雲通常各佔一方，但有時會聚集成龐大的團狀物。這種現象稱為雲簇（Cloud Cluster）。水平規模的雲簇寬度可達數百公里，在衛星雲圖中看起來更白更亮。

雲簇經常出現在赤道區高溫、潮溼的氣團中，旋轉的漩渦形成熱帶性低氣壓，最大風速達17.2公尺，會形成颱風。

此外，在梅雨鋒面上也經常會出現雲簇，在九州等地引起集中性豪雨。天氣

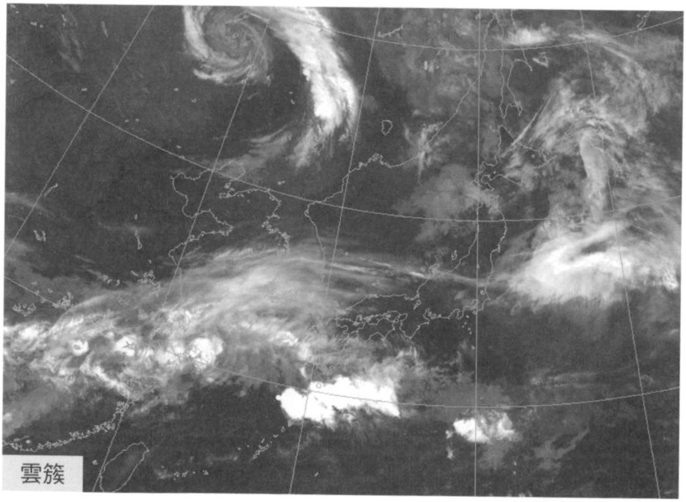

雲簇

出處：氣象廳官網 紅外線雲圖

雲圖上不會清楚標示出梅雨鋒面上的雲簇，因此被稱為「看不見的颱風」而令人畏懼。

過衝雲

積雨雲如巨塔般不斷地垂直發展，但不會無止境地長高。

一般來說，雲層的生成高度在夏季極限是約16公里（對流層頂）。對流層頂的高度在冬季或高緯度地區會下降，冬季北日本的雲層高度在10公里以下。

不過，當遇到特別旺盛的上升氣流時，對

過衝雲

流層頂會突破「天花板」達到更高的地方，這種雲稱作過衝雲（Overshoot）。

過衝雲經常在超級細胞型積雨雲中出現，上升氣流非常驚人，是相當危險的一種雲。

那麼，接下來就一起來預測幾個新的氣象用語吧。

炎暑日

現今的日本，最高氣溫在25度以上的日子稱為夏日，30度以上的是盛夏日，35度以上是猛暑日。近期經常可以觀測到最高氣溫40度以上的天氣，也許之後更需要一個用來表示最高氣溫40度以上的專用詞。

最低氣溫低於0度的日子稱為冬日，最高氣溫未達0度的則稱為嚴冬日。在東京的天氣紀錄中，自1875年觀測以來只有4天嚴冬日；最近一次是1967年2月12日，另外3天發生在19世紀。

冰雹注意提醒

積雨雲也有各種樣貌：有的會下大雨、吹起陣風、劇烈的閃電、颳起龍捲風，或是降下大冰雹……。

目前的技術很難預先看出積雨雲的類型，當可能出現打雷、陣風、冰雹時，氣象廳會統一發布「落雷注意提醒」，並另外說明詳細情況。

雖然近年來針對龍捲風或陣風的積雨雲預測準確度並不高，但還是能逐漸看出差異，因此開始會有「龍捲風注意提醒」的發布。

說不定未來為了提高預報準確度、鎖定會下冰雹的積雨雲，會從落雷注意提醒中外分出全新的「冰雹注意提醒」。

全天候

「全天候」是部分氣象相關工作者的常用說法，指的是一整天的天氣變化多端、捉摸不定的日子。想樣一下這種天氣狀況：天空由晴轉陰，先發生降雨，最後下雪，甚至打雷。這是無法以天氣符號來表示的天氣現象。說不定「全天候」一詞將在未來變成一個一般用詞。

夏季的沖繩或冬季的日本海側，經常會出現這類型的天氣。夏季在沖繩的近海上，分散著小型的積雲和積雨雲，導致明明是大晴天卻突然下起大雨或雷雨；當你準備買傘時，雨卻停了。

今日聊天話題

天氣題外話⑦

天氣能改造嗎？

人類可以改變天氣嗎？人類曾經改變過天氣，事件發生在1945年8月6日。沒錯，正是原子彈在廣島投下的那一天。原子彈投下後竄出蕈狀雲，蕈狀雲形成積雨雲，在廣島降下黑雨。

雖然沒有其他更明確的證據，但就我的觀察，阪神淡路大地震、東日本大地震發生時，有人看到災區附近出現疑似積雨雲的雷達回波。改變天氣需要像地震這種非常強大的能量。

此外，2008年北京奧運開幕式的天氣預報是不佳的，中國發射了1,000多發的火箭，使雨雲散去以避免下雨。

科學家正在進行弱化颱風、縮小積雨雲冰雹的研究，然而改變大自然的行為在倫理和生態學上都存有疑慮。

大自然比人類想像的更錯綜複雜，各種因素以意想不到的方式互相影響。例如：當森林遭到颱風破壞後，照進來的陽光使陽樹（需要大量陽光才能生長的樹林）或草本植物發芽，孕育出全新的生態系。洪水造成河川氾濫，但卻拓展出昆蟲和植物的分布範圍。

人類真的可以控制大自然的運作嗎？大自然除了上述的快速變化外，還有改變氣象、氣候的慢速變化，例如：熱島效應（水泥面增加、植物減少、人或汽車排放熱能，所引起的高溫現象）。無論如何，若人類只是為了貪圖方便而濫用「科學的力量」，那麼，有一天可能會後悔。我認為現在該是重新審視如何面對大自然的時刻了。

後記

非常感謝你讀到最後一頁。看完後覺得怎麼樣？

2015年9月聯合國永續發展會議規劃的SDGs（Sustainable Development Goals永續發展目標），讓全世界更關注未來的多樣性和環境。來自寒冷國度的人們和來自熱帶地區的人們一起共事，坐在你右邊的同事是看到雪就異常興奮的人，而左邊的同事卻是一副司空見慣的表情，這樣的場景將成為常態。不對，應該說，連「理所當然」、「習以為常」這類的說法都不會再出現。

今天、明天的天氣當然很重要，但如果能透過氣象來開拓視野，說不定就能看見當下的世界及地球的未來發展。從你的所在地抬頭仰望，那片天空正串連著這個世界。

書中，我儘量以好懂的方式來介紹基礎知識，如果覺得內容稍嫌不足，那就表示你很有成為氣象專家的潛力。讓我們一起推廣氣象和天氣的樂趣！

閱讀這本書的讀者都是有緣人，期待未來能在某個地方再次相遇。

金子大輔

參考文獻・參考網站

『量子論のすべてがわかる本』（科学雑学研究倶楽部編）

『象予報士・予報官になるには』（金子大輔著／ぺりかん社）

『こんなに凄かった！ 伝説の「あの日」の天』（金子大輔著／自由国民社）

『図解 身近にあふれる「象・天」が3時間でわかる本』（金子大輔著／明日香出版社）

「象庁」https://www.jma.go.jp/jma/index.html

「NHK for School 日本の候」https://www2.nhk.or.jp/school/movie/clip.cgi?das_id=D0005403209_00000

「日本象協会 tenki.jp」https://tenki.jp/

「北本朝展@国立情報学研究所（NII）」http://agora.ex.nii.ac.jp/~kitamoto/

「小林製薬 低圧不調が起きる仕組み」https://www.kobayashi.co.jp/brand/teirakku/mechanism.html

【作者簡介】

金子大輔

氣象預報員

出身於東京都。東京學藝大學畢業，千葉大學研究所修畢。擁有幼稚園至高中教師執照。曾於Weathernews股份有限公司負責氣象預報，後擔任千葉縣立中央博物館、東京大學研究所特任研究員等，現於神奈川縣桐光學園國中部、高中部教授理科（生物為主）。
著有《図解 身近にあふれる「気象・天気」が3時間でわかる本》（明日香出版社）、《胸キュン! 虫図鑑 もふもふ蛾の世界》（Jam House）、《こんなに凄かった! 伝説の「あの日」の天気》（自由國民社）等書。

氣象解碼—以日常天氣變化揭開大自然奧祕

出　　版／楓葉社文化事業有限公司
地　　址／新北市板橋區信義路163巷3號10樓
郵 政 劃 撥／19907596 楓書坊文化出版社
網　　址／www.maplebook.com.tw
電　　話／02-2957-6096
傳　　真／02-2957-6435
作　　者／金子大輔
翻　　譯／林芷柔
責 任 編 輯／陳鴻銘
港 澳 經 銷／泛華發行代理有限公司
定　　價／380元
初 版 日 期／2023年９月

國家圖書館出版品預行編目資料

氣象解碼：以日常天氣變化揭開大自然奧祕 / 金子大輔作；林芷柔譯. -- 初版. -- 新北市：楓葉社文化事業有限公司, 2023.09　面；　公分

ISBN 978-986-370-587-1（平裝）

1. 氣象學 2. 天氣

328　　112012247